基于学术偏好的科研合作网络动态演化研究

Dynamic Evolution Research on
Scientific Research Cooperation Network based on
Academic Preference

党永杰◎著

中国经济出版社
CHINA ECONOMIC PUBLISHING HOUSE
·北 京·

图书在版编目(CIP)数据

基于学术偏好的科研合作网络动态演化研究/党永杰著. --北京：中国经济出版社，2021.11

ISBN 978-7-5136-6749-4

Ⅰ.①基… Ⅱ.①党… Ⅲ.①科学研究工作-合作-研究 Ⅳ.①G31

中国版本图书馆 CIP 数据核字(2021)第 243710 号

责任编辑 陈 瑞
责任印制 马小宾
封面设计 任燕飞工作室

出版发行 中国经济出版社
印 刷 者 北京科信印刷有限公司
经 销 者 各地新华书店
开　　本 710mm×1000mm 1/16
印　　张 13.75
字　　数 200 千字
版　　次 2021 年 11 月第 1 版
印　　次 2021 年 11 月第 1 次
定　　价 78.00 元
广告经营许可证 京西工商广字第 8179 号

中国经济出版社 **网址** www.economyph.com **社址** 北京市东城区安定门外大街 58 号 **邮编** 100011
本版图书如存在印装质量问题，请与本社销售中心联系调换(联系电话：010-57512564)

前　言

随着科学技术的飞速发展，人类社会已经迈进知识经济时代，在这个以知识为主导的时代，知识取代了传统的资本、劳动力等要素成为重要的战略资源。进入 21 世纪以来，新一轮科技革命和产业变革正在孕育兴起，世界已进入新一轮科技创新周期，全球科技创新呈现出新的发展态势和特征，我们正面临着人工智能、5G/6G、大数据、物联网、区块链、新材料等引领的第五次工业革命。

大科学时代背景下科研合作已经成为科技创新活动的主要组织形式，科研合作为科技创新提供了智力支持，同时也给科技创新活动的开展带来了新的问题和挑战。要解决科研合作中日益突出的问题，关键是研究科研合作现象本身，揭示科研合作的特征、机制和内在规律，以更好地指导科研合作实践活动。

科研合作网络作为复杂网络理论在科研合作研究中的具体应用，通过将科研人员的学术偏好映射为网络演化规则，从动态网络的视角研究科研合作网络的动态演化过程，能够有效掌握科研合作网络演化规律、优化科研合作团队结构。

针对当前科研合作研究中存在的问题，本书致力于通过科研合作网络演化的分析与研究，实现以下两个目标：

（1）为科研合作关系研究开拓新的研究视角。从动态视角根据科研人员在科研合作中的行为偏好利用系统动力学方法客观真实地模拟科研合作网络演化过程，通过科研人员数量的增长和老龄化规律来判断科研人员所属学科的发展速度和阶段，通过科研知识融合的广度和深度分析科研复杂程度和学科综合程度。

(2) 有利于为跨学科、跨领域交流合作进行专家推荐，实现知识互补。根据科研人员间的合作情况利用元网络分析方法构建基于“科研人员—科研知识—科研单位”的元网络模型，通过挖掘科研人员间的潜在合作关系实现科研组织结构优化，这种良好的科研合作基础为科研项目攻关提供了良好的智力支撑。

本书通过将偏好理论、网络动态演化理论引入科研合作现象开展基于学术偏好的科研合作网络动态演化研究，主要包括以下几方面内容：

(1) 作者合作加权网络的演化。以科研合作论文中的作者为基本要素构建作者合作网络，网络中的节点代表作者，节点的大小代表作者的加权发文频次，边代表作者间的合作关系，边的粗细代表作者间合作关系的强弱。本部分内容首先介绍了网络演化的基本理论和加权方法，在改进增长模型的基础上构建了基于学术偏好的作者合作加权网络动态演化模型，模型中作者合作网络以作者的学术偏好为驱动进行网络演化；其次通过设置不同的参数进行网络演化仿真并统计相应的网络度分布特征；最后利用样本数据中的合作发文情况对作者合作加权网络演化过程中的网络度分布进行了验证，证实作者合作加权网络动态演化模型具有普适性和合理性，并对样本数据中核心作者网络的网络特征进行分析。

(2) 学术共同体网络的演化。以科研合作论文中的作者、机构、关键词为基本要素构建学术共同体元网络，并根据节点属性将其分为同质网络和异质网络两种类型，其中同质网络为无向网络，异质网络为有向网络。本部分内容首先介绍了学术共同体网络演化的基本理论和学术共同体的元网络表示方法；其次在基本增长模型的基础上构建了基于学术偏好的学术共同体网络演化模型，演化过程中以作者层网络演化为基础，其他层网络根据共现概率规则进行同步演化；最后进行模型仿真与实证分析，并对由样本数据构建的学术共同体网络进行了可视化展示。本书构建的模型能够很好地解释作者、机构、关键词之间的关系模式，揭示了学术共同体网络演化的规律。

(3) 科研合作对象的推荐。为科研人员推荐具有共同学术偏好的合作对象能够优化科研团队结构、促进知识创新与知识融合。本部分内容首先介绍了基于关键词共现、共引、共被引等三种类型共现关系的学术偏好，提出了基于科研贡献度加权的作者共现网络的构建方法，并分析了基于学术偏好的科研合作对象推荐思路；其次介绍了科研人员学术偏好的向量空间表示方法，并利用修正的余弦相似度方法进行规范化处理将其转化为学术偏好相似度；最后利用样本数据进行实证分析并利用标准差衡量分析结果顺序的一致性，利用查全率和查准率衡量分析结果的全面性和准确性。利用科研贡献度对科研主体加权的方法，能够更加准确地衡量科研人员间学术偏好的相似度，进而能够为科研人员推荐更加合适的合作对象。

动态网络视角的科研合作网络是一个结构复杂的自组织、开放式复杂网络系统，科研合作也是较为复杂且普遍存在的科学研究现象，网络的动态性、开放性和多维性使得对科研合作网络演化规律的研究难度较大。本书基于学术偏好从动态网络视角对科研合作网络演化规律进行了探索，并取得了一些成果。但因笔者知识结构和能力有限，书中不当之处甚至错误之处在所难免，恳请读者多多批评指正。

党永杰

2021 年 11 月于河南大学

目 录

图目录

表目录

第1章

绪　论

科学研究是推动科技创新的主要力量，目前科研团队已成为科学研究的主要组织形式。科研论文是科研成果的主要表现形式，对科研论文中作者合作关系的研究已成为研究科研合作的普遍方式。引入偏好理论、网络动态演化理论，为科研合作现象的研究提供了新的视角。

1.1 研究背景与研究意义

1.1.1 研究背景

自古以来人类社会就以“共同体”的组织形式在各个行业、领域的社会活动中相互合作，这种自发的合作行为是推动生产力发展和社会进步的主要动力，特别是工业革命后社会分工伴随着机器大工业开始出现，分布在各个行业从事相对具体职业的劳动者通过相互分工与合作极大地推动了社会发展变革。当今是知识经济时代，科学研究的对象呈现系统化、复杂化和专业化的特征，在科研人员个体知识容量和技能水平有限的情况下，科研人员已难以单独完成某项课题或学术论文的研究[1]，具有共同研究方向且知识结构互补的科研人员之间的团队合作成为科研产出的必备条件，课题负责人领导下的团队合作已成为科研组织的主导形式。随着科研对象范围和层次的不断扩展，科研合作正在向高水平、高层次、全方位的方向发展[2]，成为科研学术领域一个普遍存在的现象。

科研成果有科研论文、科研专著、发明专利、新技术、新工艺等多种类型，其中科研论文写作是一项具有“共同学习、合作创新”特征的创新活动。科研论文作为科研合作人员科研活动的智慧结晶，是有比较规范和详细的篇名、作者姓名等文献外部特征和主题词、分类号等内部特征。大数据时代大规模数据存储技术为海量科研论文的存储提供了技术支撑，这为批量获取论文特征数据提供了可能性。科研论文合作是科研合作的一种表现形式，两位及以上作者共同署名一篇论文的科研合作现象已非常普遍，自从科学计量学之父 Price 提出用科研论文合作来衡量科研合作这一理念后，用科研论文合作来衡量科研合作具有合作关系固定、数据成本低和可行性强、文献研究存在时间滞后性等方面的优势[3]，且科研论文具有较强的代表性、时序性和规范性，通过分析科研论文合作研究科研合作现象已经成为国内外学术界认可并普遍使用的研究方法。本书也基于这一理念通过对作者合作关系变化的分析研究科研合作关系。

对科研合作现象的研究最初主要是定性分析，随后开始利用科学计量法对合作率、合作频次等基本指标进行统计。然而科研人员之间的合作关系不是偶然形成的，而是一个多条件综合作用下的复杂关系，合作对象有多少之分，合作对象间的合作关系有强弱之分[4]。随着复杂网络研究的兴起，相关学者开始从复杂网络的视角对科研合作现象进行分析，用以分析各个领域的科研合作网络特征，并将科研合作网络与知识网络结合分析用以研究科研主题。目前关于科研合作静态网络的研究已经非常成熟，然而从纵向时序角度来看，随着时间的推移，科研合作网络形态也按照一定规则不断变化。动态网络作为复杂网络研究的高级阶段，为科研合作网络结构的演化提供了新的研究视角。动态网络理论最初用于单层网络结构的演化，通过构建演化模型研究科研合作网络的动态特征。因此从动态网络的视角分析网络的演化机制和演化规则，研究科研合作网络为何变化、如何变化及其变化规律等问题，能够优化科研合作结构进而提高科研工作的效率，推动科技的进步和社会的发展。

科研合作是增强整体研究实力、实现科研资源优势互补和知识交流共享的一种重要方式[5]。科研合作的迅猛增长及其对科学生产能力产生的巨大推动作用引起越来越多的科学家以及科技管理人士的关注，对科学合作的研究也在逐渐深入[6]。作者认为在通过科研论文合作研究科研合作网络的过程中，可以将科研合作网络细分为作者合作网络和学术共同体网络两种类型：作者合作网络由单一类型的作者节点及其相互间的合作关系构成；学术共同体网络是由作者、机构、关键词三种类型的节点所构成的一种元网络形态，其中作者是科研主体、关键词是科研客体、机构是组织，这种多层异质的元网络形态也是基于科研关系的学术共同体网络的存在形态。这两种网络在多种演化规则的综合作用下随着时间的推移进行有序的演化，而科研人员是科研活动的主体，网络演化规则基于科研人员的学术偏好而形成。本书通过分析科研人员的学术偏好，从动态网络视角对作者合作网络和学术共同体网络分别从不同的网络演化流程进行分析，并通过构建科研人员学术偏好模型为科研人员推荐潜在合作对象，为了解科研活动特点、探索科学发展规律、预测学科发展趋势提供了分析方法，对促进科学知识交流和构建学科主题科研社群有着重要的理论指导意义和实际作用。

1.1.2 研究意义

本选题的研究意义和价值主要表现在以下三个方面：

（1）有利于推进国家创新体系建设。在科研团体中，科研人员是知识资源的载体，科研人员间的合作作为一种显性合作形式，其内涵是科研人员所掌握知识的融合创新。本书通过探索科研人员间科研合作关系的演化规律揭示科学发展的过程和预测科学知识的变化状况，通过探索学术共同体的演化规律分析知识聚合的广度、深度及其对科研创新能力提高的影响，为科技创新提供强有力的智力资源和技术服务支撑，为国家科技创新提供强有力的知识保障，从而有利于国家创新体系的建设。

（2）为科研合作关系研究开拓新的研究视角。目前对科研合作现象的研究逐步由最初的定性研究、定量研究过渡到对科研合作网络静态网络特征的研究。基于学术偏好的科研合作网络演化研究不仅能够分析科研人员在网络中的个体特征、判断科研人员在科研网络中的作用和地位，更能从动态视角根据科研人员在科研合作中的行为偏好，利用系统动力学方法客观真实地模拟科研合作网络演化过程，通过科研人员数量的增长和老化规律来判断科研人员所属学科的发展速度和阶段，通过科研知识融合的广度和深度分析科研复杂程度和学科综合程度。

（3）有利于为跨学科、跨领域交流合作进行专家推荐，实现知识互补。通过对各领域专家及其掌握知识、技能的向量化表示，根据科研人员间的合作情况，利用元网络分析方法构建基于“科研人员—科研知识—科研单位”的元网络模型，对于涉及多个交叉学科领域的复杂研究项目进行专家推荐，通过挖掘科研人员间的潜在合作关系实现科研组织结构优化。这种良好的科研合作基础为科研项目攻关提供了良好的智力支撑。

1.2 研究现状与述评

从学术偏好的视角研究科研合作网络的动态演化属于一种涉及多个学科的交叉性研究，研究内容和方法涉及认知心理学、系统动力学、计算机科学等多个学科领域。本节主要对偏好识别与偏好提取、复杂网络动态演化、科研合作关系等方面内容的研究进展进行分析。

1.2.1 研究现状分析

（1）偏好识别与偏好提取。

目前心理学、社会学、行为学、经济学、计算机等很多学科都对偏好感知理论进行了相关研究，从哲学角度来看，Aristotle(1928)最早在《工具论》中对偏好理论进行了描述，并将其定义为主体在比较两者现象或状态相互之间关系时所表现出的倾向性[7]。用户偏好识别的依据一般为用户的个人基本信息、行为信息和评价结果等，例如基于内容的推荐中偏好识别属于 Schafer 划分的“Item-to-Item Correlation”方法[8]。Masthoff(2004)总结了偏好融合的方法，并将其分为多数票法、Borda 计数法等计数类策略和最大满意度、公平策略等满意度策略两类[9]。定性偏好主要考察偏好间的二元偏序关系，Jung S. Y. 等(2005)采用定性分析方法提取用户偏好构建用户偏好模型，从逻辑推理或偏序模型角度提取用户对项目或者其属性特征的二元偏序关系[10]。Yu Z. 等(2006)通过实验分析了各种偏好融合策略的优势并分析了不同偏好融合策略的适用对象[11]。Jembere E. 等(2007)提出了一种利用严格偏序偏好模型定性挖掘情境相关用户偏好信息的方法[12]。F. Liu(2008)对偏好改变、偏好逆转以及偏好与其他认知概念之间的关系进行了研究[13]。定量偏好主要通过效用函数和数字评分对偏好程度进行量化表示，例如Gemmis D. M. 等(2009)认为偏好提取过程主要基于机器学习和数据挖掘技术，如利用神经网络、决策树、聚类、贝叶斯网络和关联规则等理论通过对大规模样本的学习逐步优化提取效果[14]。Kuo M. H. 等(2009)根据“记忆两过程理论”将用户偏好分为长期偏好和短期偏好两种类型，并将其用于用户偏好模型的构建与更新[15]。Jason J. J. (2009)提出用本体方法获取移动用户偏好并生成情境感知的移动服务推荐[16]。

梁泉(2009)研究了网络计算环境下 QoS 偏好信息的描述方式及其转化和计算方法，提出了基于按需服务的用户 QoS 偏好信息的处理策略。谢海涛等(2011)借鉴“马斯洛需求层次论”，提出了一种适应用户个体偏好进化的个性化信息服务模型[17]。用户偏好是基于用户主观意识的具有倾向性的选择，王立才等(2011)提出一种基于认知心理学的移动用户偏好提取方法，通过提取用户综合偏好减轻用户的移动信息负担，进而为用户提供满足其个性化信息需求的移动网络服务[18]。易明等(2012)研究了网络虚拟社区中基于 TAG 的用户偏好感知技术，并用于知识协同机制设计[19]。王洪伟等(2013)在用户偏好模型构建中综合考虑用户短期偏好和长期偏好，认为短期偏好虽然相对不稳定，但却对用户的实时偏好起着重要作用[20]。杨立等(2016)针对现有推荐系统不考虑用户的偏好会随着时间的推移而改变的问题，提出了一种基于时间衰减与偏好波动的协同偏好获取方法[21]。郭顺利等(2014)根据移动图书馆用户的位置情境、基本信息情境和社会网络情境，利用向量空间模型的表示方法构建了基于情境感知的移动图书馆用户信息需求偏好模型，并且通过实验对比验证了该模型有利于提高移动图书馆的信息服务水平，能够更好地为用户提供个性化移动信息服务[22]。王伟军等(2014)针对协同过滤推荐过程中普遍存在的可扩展性问题和数据稀疏性问题，提出了一种基于时间限制的用户偏好定向挖掘的协同过滤算法，实验结果证明，该算法能够基于用户已展示出的偏好进行深度推荐，且在提升可扩展性的同时对数据稀疏性也表现出较强的适应能力[23]。李金海等(2016)针对传统的基于评分信息的用户偏好信息采集存在的问题，提出将领域本体用于信息层次化挖掘以及用户偏好模型构建[24]。

偏好识别与偏好提取是构建用户偏好模型的基础性工作，其中用户偏好识别是用户偏好提取和用户偏好模型构建的前提，用户偏好识别不准确会直接影响偏好模型的构建和个性化推荐的效果。本书将偏好理论引入科研合作关系的研究中并提出学术偏好的概念，通过将学术偏好映射为网络演化规则模拟科研合作网络演化过程。

(2) 复杂网络动态演化。

20 世纪末，Watts 和 Strogatz[25]引入小世界网络模型，Barabási 和 Albert[26]提出无标度网络模型，随后复杂网络开始被广泛关注并掀起了一股研究热潮，由于复杂网络具有较强的可移植性和广泛的适用性，该理论逐步被应用到社会科学、医学、生物学、情报学等多个不同的学科领域，为相关研究提供了新的视角。Broder A. 等(2000)[27]、Newman (2000)[28]相继证实了现实生活中的 WWW 网、科研合作网具有复杂网络的小世界、无尺度和聚集特性。2003 年 Newman 发表了承前启后的“复杂网络”综述性文章，对此前研究做了总结，并对未来研究方向给出了建议。对复杂网络特征的研究一般从平均路径长度、聚集系数、网络密度、介数等角度进行分析。复杂网络具有抽象性且结构复杂，很难用文字或者数据对其进行直观展示，但随着图论技术的发展，利用 Pajek、Network 等工具不仅可以对复杂网络特征进行直接分析，还可以进行直观的可视化展示。

复杂网络的静态分析主要是利用图论理论对某一时间横截面窗口内的网络结构进行分析，但是大部分复杂网络随着时间的推移是动态变化的，且这种变化是多种机制混合作用下的结果，动态网络分析能够对具有异质、多模的多层网络进行分析，因此可以将动态网络研究作为复杂网络研究的一个分支或者其研究的高级阶段。Nowak 和 May(1992)最早通过分析二维方格上的“囚徒困境”博弈问题对复杂网络演化博弈进行了研究[29]。Bianconi G. 等(2001)[30]和 Vázqyez A. (2001)[31]分别从成本竞争机制、随机游走机制方面介绍了网络动态演化机制。Carley 等(2003)提出动态网络分析方法，研究了网络演化动力机制对节点和网络结构的影响，并且研发了动态网络分析软件 ORA(Organization Risk Analyzer)[32]。Ramasco 等(2004)将动态网络理论应用到科研合作网络研究中，通过引入边优先连接机制构建科研合作网络自组织演化模型[33]。Chen Q. 等(2004)[34]提出在网络演化过程中应考虑非线性择优机制和反择优机制，这些机制都能在一定程度上更加准确地描述网络动态演化过程。Assenza 等(2008)通过分析可调聚集系数无标度网络上的当天演化博弈，认为聚集系数较高的网络更能实现节点间的连接[35]。对历史数据的动态分析一般是为了发现网络的变化趋势，如 Leskovec 等通过对专利、电子邮件等数据的分析，发现现实生活中的大部分网络，其密度随着时间的推移越来越大，而且网络中的节点和边的增加存在线性关系[36]。

国内刊物对复杂网络理论研究的介绍最早可追溯到朱涵等(2003)在《物理》杂志上发表的《网络“建筑学”》，该文章以小世界、无标度等概念为出发点对复杂网络的研究进行了初步分析[37]。刘涛等(2005)从平均路径长度、聚集系数、度分布等网络的统计特征及小世界网络和无标度网络等网络模型层面对复杂网络领域的相关研究进行了概述[38]。

谭跃进等(2006)在定义网络凝聚度的基础上提出了一种评估复杂网络节点重要度的节点收缩方法，通过节点收缩后网络的凝聚度大小衡量节点的重要度，该方法综合考虑了节点度最短路径长度，能够有效提高大型复杂网络的计算能力[39]。王福红等(2016)将复杂网络应用于质量管理中，将生产过程中的潜在质量失效因素视为节点，将失效因素之间的联系视为边，通过研究质量时效因素加权网络找到重要和关键质控点，为质量控制提供了一种全新的研究视角[40]。复杂网络是复杂系统的抽象形式，复杂网络理论对于研究相关复杂系统都有着较强的借鉴意义，例如物流网络、交通运输网络中的拥塞控制问题都可以通过引用复杂网络理论解决。

国内也相继开展了利用系统动力学对复杂网络进行研究的工作，动态网络研究已经应用于描述各种系统的动态变化，例如疾病传播、舆情控制、意见领袖等。史定华(2005)从网络节点度和度分布角度对网络分类、网络的演化机理和模型及结构涌现等方面取得的进展进行了总结。韩少春等(2011)通过建立舆论动态演化博弈模型，研究了羊群效应在舆论演化过程中的产生机理和发展动态，并通过仿真博弈模型研究羊群效应产生的时间和条件[41]。胡琳娜等(2014)分别从动态发展趋势和空间集聚特征两个角度探究中国技术经济及管理学科的时间—空间演化形式，为该学科的发展提供了有益的借鉴[42]。张燕平等(2015)基于意见领袖和结构洞，从微观方面分析了基于会议论文合作的科研合作网络随时间发展的演化规律，比较分析了科研合作网络节点重要性判断中的聚集中心性、介数中心性等评价指标并研究了意见领袖、结构洞的演化规律[43]。

从研究层次上来说，国内外关于复杂网络的研究都经历了静态网络研究和动态网络研究两个阶段，在静态网络研究方法趋近成熟、研究内容逐渐饱和的背景下，越来越多的学者开始关注动态网络演化研究。

（3）科研合作关系。

科学计量学之父 Price 作为最早关注科研合作情况的学者之一，认为合作是科学发展史上最剧烈的变革之一，提出以论文作者指数、合作率等指标研究科研合作的方式和程度，同时他提出用科研论文合作来衡量科研合作，这一理念也是本书研究的出发点，即通过科研论文作者合作网络研究科研合作网络。Beaver 和 Rosen（1978）在《科学计量学》上载文，证明以科研论文合作作为科研合作的形式起源于 18 世纪前后的科学专业化，并且通过对 17 世纪以后合著关系的研究表明，科学家们持合作态度一般能导致科研成果增多，且能扩大科学家的活动范围，提升其名望[44]。Floyd 和 Schroeder（1994）认为当科研人员的社会地位达到一定层次后，科研人员更加看重从合作论文中获得的声誉[45]。Caroline Haythomthwaite 等（1998）使用社会网络分析法对计算机科学领域作者合作关系进行研究[46]。Laband 和 Tollison（2000）认为将高质量合作引入实验研究中能够通过共享仪器设备有效地降低科研成本[47]。Kretsdmier（2004）考察了合作网络的可视度问题，使用几何距离方法研究高产学者在合作网络中的位置，发现科研产出能力高的学者具有较短的几何距离，这一发现有助于科研人员的成长和科研水平的提高。Hildrun Kretschmer 等（2008）通过对合作网络的宏观结构与微观结构的分析挖掘出研究领域的主要科研团体、核心作者以及他们的研究主题[48]。Fialad 等（2008）将 PageRank 算法应用到作者合作网络中，用以识别网络中的重要作者[49]。Yasmin H. Said 等（2008）对网络进行聚类分析，将合作类型分为了四种，即单人模式、导师模式、企业模式和团队模式，并推测这些特定的合作模式产生的影响，特别是对出现从众现象的可能性、创造性以及过程审查缜密性的影响[50]。

科研合作作为科学研究的重要特点，在现代科学研究过程中尤为普遍，在国内也引起了相关学者的广泛重视。张鹏等(2005)应用层次聚类法和介数聚类法对科学家合作网络进行了聚类分析[51]。张秀梅等(2006)对生物医学领域的作者合作网络进行可视化展示，并将其应用于文献检索服务中[52]。王福生等(2007)基于科研论文作者合作方式构建了作者科研合作网络模型，并验证了网络模型节点的度分布符合幂率分布[53]。汪云林等(2008)以中国西部环境和生态科学为例运用社会网络分析方法对国家自然科学基金合作网络进行了分析[54]。谢彩霞(2008)将社会网络分析法用于纳米科技领域科学合作状况的研究[55]。汪丹(2008)对图书馆学情报学领域的科研合作网络进行了可视化展示并对网络特征进行了分析[56]。李亮和朱庆华(2008)对《情报学报》期刊的科研合作网络进行了实证研究[57]。付允等(2009)对我国科学领域的科研合作网络进行了小团体分析、集聚程度分析和中心性分析[58]。邱均平等(2011)经过实证统计发现作者的合作程度与其科研产出的数量之间不存在有意义的正相关关系，但作者的合作程度与其科研产出的学术影响力之间存在显著的正相关关系[59]。赵君等(2013)对科研合作的动机、影响因素、影响效果和模式进行了分析[60]。邱均平等(2014)利用复杂网络理论揭示了作者合作网络在科学研究领域结构分析中的作用[61]。这种基于作者共现关系构建的科研合作网络，不仅能分析网络中的作者的个体特征、判断作者在整个网络中的作用和地位，更能从宏观视角整体把握某领域的作者分布情况、把握整体网络结构。

胡枫等(2013)基于科研论文作者的合作方式，用超图理论构建了一个科研合作网络演化模型，利用平均场理论分析了作者发表论文的演化规律，发现作者的超度分布符合幂律分布[62]。张学义等(2010)基于科研工作者的研究兴趣，给出了一个新的科研合作网络的数学模型，并建立了一个基于兴趣相似度的、符合科研合作网络真实特性的网络演化模型[63]。孙晓玲等(2014)通过构建合作网络视角下的学科演化模型解释了学科、作者、文献间的关系模式和合作网络的若干特性[64]。这些从动态网络的视角对科研合作网络演化进行的分析将科研合作现象研究提升到一个新的高度。

目前对科研合作关系的研究主要是将复杂网络与科研合作现象结合，通过构建科研合作网络为分析科研合作现象提供新的研究视角，研究内容主要是科研合作网络的建模、结构和网络特征。随着动态网络研究的兴起，一些学者也逐步将动态网络理论应用于科研合作网络演化的研究中。

1.2.2 研究现状述评

从国内外的研究现状的对比来看，用户偏好提取技术主要有定性分析和定量分析两种研究思路，目前对偏好理论的研究主要通过挖掘“用户—项目”的二元关系，利用用户偏好模型从大量数据中识别用户可能感兴趣的项目，利用内容过滤或者协同过滤推荐理论向用户推荐能够满足用户的个性化需求的项目。大数据分析时代背景下，偏好理论已经在很多领域应用到个性化信息、商品和服务推荐中，用户偏好理论在社会生活的各个方面，特别是经济活动中的应用不断深入。例如电子商务网站平台根据用户注册的个人基本信息和行为数据的挖掘，利用用户需求模型向用户推荐匹配的商品，这种定向的精确网络营销的营销效果是传统营销方式无法比拟的。将偏好理论应用到科研合作对象的选择中能够解释科研合作网络的演化机理并推荐科研合作对象，偏好理论的研究中和本书研究关系密切的是科研人员学术偏好识别、提取与学术偏好模型的构建，偏好理论在科研合作网络演化中的应用主要表现为如何识别科研人员的个体学术偏好以及个体学术偏好在网络演化过程中的表达形式。

复杂网络理论研究已经引起国内外学者的重视，并将其应用于不同领域的具体问题研究中。目前国内外研究的主要区别在于国外对复杂网络的研究已经由静态逐步过渡到动态，主要通过构建网络演化模型仿真某种网络的演化趋势，并统计出网络的动态特征；国内研究仍主要集中在网络密度、中心性、凝聚子群、最短路径长度等网络的静态特征上，应用领域主要为现实生活中的各种可以用网络解析的复杂系统，如交通运输网络、物流网络等。将复杂网络及其演化理论应用于科研合作现象的研究不仅能够了解科研人员在网络中的个体特征，也能够对学科的整体合作网络结构有宏观的认识，能够通过优化合作网络结构进一步推动科研创新。

基于科研合作现象的普遍性，国内外关注这一现象的相关学者最早主要从定性分析的角度对合作动机、合作模式等进行概述，随着科学计量、组合数学模型等方法的兴起，国内外学者对科研合作现象的研究逐步由最初的定性分析演变为以定量分析为主的定性定量综合分析[65]。随着复杂网络研究的深入，有学者将复杂网络理论与作者合作现象结合，通过构建作者合作网络为分析科研合作现象提供新的视角，研究方法进一步演变为科研合作网络的建模、结构和网络特征统计，且将该方法逐步应用于各领域作者合作关系分析，研究内容主要集中为某一“时间截面窗口”内样本数据所构建网络的密度、中心性、聚集系数、最短路径、社团结构等静态特征，并且逐步形成固定的研究思路和研究范式，成为科学计量法的必要补充。相对而言，国外相关研究起步较早，国内学者则逐步利用相关研究方法解释国内相关学科领域的作者合作现象。目前国内对科研合作现象的研究范式主要是利用复杂网络理论和借助相关工具分析样本数据的网络特征，该方法已经普遍应用于各学科领域的作者合作情况研究，也有部分学者从历时分析角度对不同时间段内样本数据的网络特征进行对比分析。已经有学者利用动态网络分析方法研究作者合作网络演化，但经过对相关文献的梳理发现，目前关于作者合作网络动态演化模型研究的文献较少，仍处于起步阶段。

1.3 研究方法与研究工具

1.3.1 研究方法

基于学术偏好的科研合作网络动态演化研究是一个涉及多学科的交叉性研究课题，在研究过程中既需要理论分析，又需要模型构建与仿真，还需要通过实证分析评估仿真结果。为了完成研究目标，本书在研究过程中综合采用以下研究方法：

（1）文献调研方法。为了全面了解国内外科研合作网络动态演化的研究现状，利用学术搜索引擎以及国内外的学术资源数据库，搜集与偏好理论、动态网络、科研合作网络相关的文献并进行分析，总结出目前的研究进展和存在的问题，在已有研究成果的基础上提出自己的创新观点。

（2）比较分析方法。首先在文献调研的基础上，充分掌握国内外相关理论的研究动态。利用比较分析方法对国内外的理论方法研究进行对比分析，总结出国内外研究的优劣势。其次利用比较分析法对理论推导结果、仿真结果与实证分析结果进行比较，验证本书所述理论和构建模型的科学性和合理性。

（3）数学建模方法。构建科研人员学术偏好模型、科研合作网络演化模型等都需要通过对相关关键因素进行定量分析，使用数学建模的方法构建数学模型，用数学符号、数学公式等对相应复杂系统中的关键因素进行抽象，发现其中的规律。

(4) 系统动力学方法。系统动力学方法是一种研究复杂系统动态特性的定量研究方法，本书通过构建科研合作对象的系统动力学模型，从定量角度分析科研合作网络演化的内在规律。

(5) 计量分析方法。引入信息计量学领域的方法进行研究，在分析网络结果特征时需要运用到作者耦合分析、共词分析、共现分析等方法，相关结果能够为模型演化过程中的参数设置提供参考。

1.3.2 研究工具

本书在研究过程中涉及大量数据的处理、模型仿真、可视化展示等工作，为了完成本书的研究目标，在写作过程中交替使用了以下工具：

(1) ORA。

ORA(Organization Risk Analyzer)是由美国卡内基梅隆大学社会组织系统计算分析中心开发的一种社会网络的动态分析工具，主要用于面向组织的元网络分析，它可以在网络上用不同形状的图标表示不同类型的节点，对不同类型的元网络均可以采用网络的动态分析方法，分析核心节点和社团等，对网络风险和动态演化进行建模。目前该软件已经在组织设计、风险管理等方面得到了广泛应用。

本书主要借助 ORA 工具，利用 Louvain 社团识别算法，对学术共同体网络中的同质网络和异质网络进行团体划分，利用不同的节点图标表示不同类型的节点，并利用节点颜色对划分结果进行可视化展示，能够直观地展示学术共同体的多层网络结构。

(2) Ucinet 和 Netdraw。

Ucinet 软件是由美国加州大学欧文分校的网络分析研究人员共同编写的，具有较强的矩阵分析能力，通常用于分析网络整体特征和网络个体特征。Ucinet 在本书中主要用于社会网络分析各指标和模型的计算和展现。Netdraw 作为一种社会网络分析与可视化工具，能够很好地与 Ucinet 软件集成在一起使用，主要通过绘制网络关系图对网络节点之间的关系进行可视化展示。

本书在对网络演化过程进行可视化展示和对网络演化结束后网络的特征进行统计分析时需要利用 Ucinet 和 Netdraw，该组合软件能非常直观地解析网络演化机理，而且图中节点的位置、节点间连线的粗细可直观地展示网络中节点地位和节点关系的强弱。

(3) VBA。

VBA(Visual Basic for Applications)是 Visual Basic 的一种通用宏语言，它可被所有的 Microsoft 可编程应用软件共享。人们常用的办公软件 Office 中的 Word、Excel、Access、Powerpoint 等组件都可以利用 VBA 编制相应程序进一步提高应用效率，特别是对于具有一定规律性的多步骤、重复性手工操作，通过 VBA 代码可迅速开发出自动化程序。

本书在实证研究过程中需要利用 Excel 工具对从 CNKI 下载的数据进行数据预处理。VBA 作为 Excel 的“遥控器”，能够使 Excel 自动化，因此本书在数据预处理过程中的数据清洗、去噪等环节以及作者合作矩阵、作者—关键词耦合矩阵的构建都通过自写的 VBA 程序实现，极大地提高了数据处理环节的效率。

(4) MATLAB。

MATLAB(Matrix Laboratory)是由美国 Math Works 公司开发的主要面向科学计算、可视化以及交互式程序设计的高科技计算环境，该软件最早用于工程科学的矩阵数学运算，近年来逐步发展为一种极其灵活的计算体系，为科学研究、工程设计以及必须进行有效数值计算的众多科学领域提供了一种全面的解决方案[66]。

本书在写作过程中需要根据科研人员的偏好模型按照一定规则对科研合作网络的演化过程进行仿真，并利用图表对仿真结果进行相应展示，考虑到 MATLAB 语言相对于传统的科技编程语言在易用性、平台独立性、预定义函数、机制独立的画图、可视化图形界面等方面有着诸多的优点，因此本书通过编写 MATLAB 程序对不同条件下的网络演化过程进行仿真。

1.4 研究目标与研究思路

1.4.1 研究目标

本书在相关研究的基础上，采用理论研究、模型构建与仿真、实证研究相结合的方法，对基于偏好感知的科研合作网络动态演化的相关理论、方法和应用进行系统研究。本书的研究目标如下：

（1）针对传统的绝对合作频次边加权方法存在的虚假贡献问题，构建基于科研贡献度加权的作者合作网络，能够更加科学地衡量作者合作关系和作者在网络中的地位，从而使作者在网络演化过程中能够根据其偏好更好地优化其网络结构。

（2）在基本网络增长模型择优连接的基础上，通过综合考虑节点的增加与删除、边的增加与删除等四种网络演化行为，模拟作者合作单层网络演化过程，构建基于学术偏好的作者合作加权网络演化模型。

（3）在综合考虑作者合作网络演化的基础上，构建由作者、关键词、机构三种要素组成的多层网络演化模型，探索性分析多层网络演化的理论基础，并通过仿真模拟多层网络的同步演化过程。

（4）从关键词共现、共引、共被引三种共现关系分析科研人员的学术偏好，并根据学术偏好相似度衡量科研人员潜在合作关系的强弱，最终为科研人员推荐学术偏好相似度较高的科研合作对象。

1.4.2 研究思路及论文结构

本书主要以偏好理论、动态网络演化理论和数据挖掘技术为基础，对作者合作网络演化、学术共同体网络演化、科研合作对象推荐进行了深入分析，研究过程中以理论基础、模型构建、模型仿真、实证分析为研究思路。图 1.1 展示了本书的整体结构。本书共包括 7 章，具体内容安排如下：

第 1 章为绪论。主要包括研究背景与研究意义、国内外研究现状与述评、研究方法与研究工具、研究目标与研究思路、本书的创新之处。

第 2 章为科研合作研究的发展。主要包括科研合作及相关概念、科研合作的研究视角、科研合作的历史演进。

第 3 章为研究理论基础。主要介绍本书研究过程中需要用到的基础理论，包括偏好理论、科研合作网络、网络动态演化。

第 4 章为基于学术偏好的作者合作加权网络动态演化研究。首先，对作者合作网络的加权规则进行阐述，将作者的个体学术偏好映射为网络演化过程中的网络演化规则；其次，构建了作者合作加权网络演化模型，通过设置不同的参数模拟网络演化过程并统计其度分布特征；再次，对样本数据进行实证分析并将实证分析结果与仿真结果进行比较；最后，抽取样本数据中的核心作者构建核心作者合作网络并对网络特征进行分析。

第 5 章为基于学术偏好的学术共同体元网络动态演化研究。首先，构建基于作者、关键词和机构三个要素的元网络；其次，基于作者作为科研活动主体的地位，通过作者与关键词、作者与机构的共现关系构建由三者构成的学术共同体多层网络演化模型并进行仿真，将实证分析结果与仿真结果进行对比分析；最后，分别对同质网络和异质网络进行可视化展示。

第 6 章为基于学术偏好的科研合作对象推荐研究。首先，从科研人员知识吸收和知识产出两种学术行为的角度出发研究科研人员的学术偏好，通过构建基于关键词共现、共引、共被引三种共现关系的作者偏好模型为其推荐具有共同学术偏好的潜在合作对象；其次，对样本数据进行实证分析，挖掘出作者的潜在合作对象，通过排序结果的标准差衡量结果的一致性，并通过查全率与查准率衡量推荐结果的全面性和准确性。

第7章为结论与研究展望。对本书的研究内容进行全面系统的总结，并对本书在研究过程中存在的不足进行说明，对未来研究进行展望。

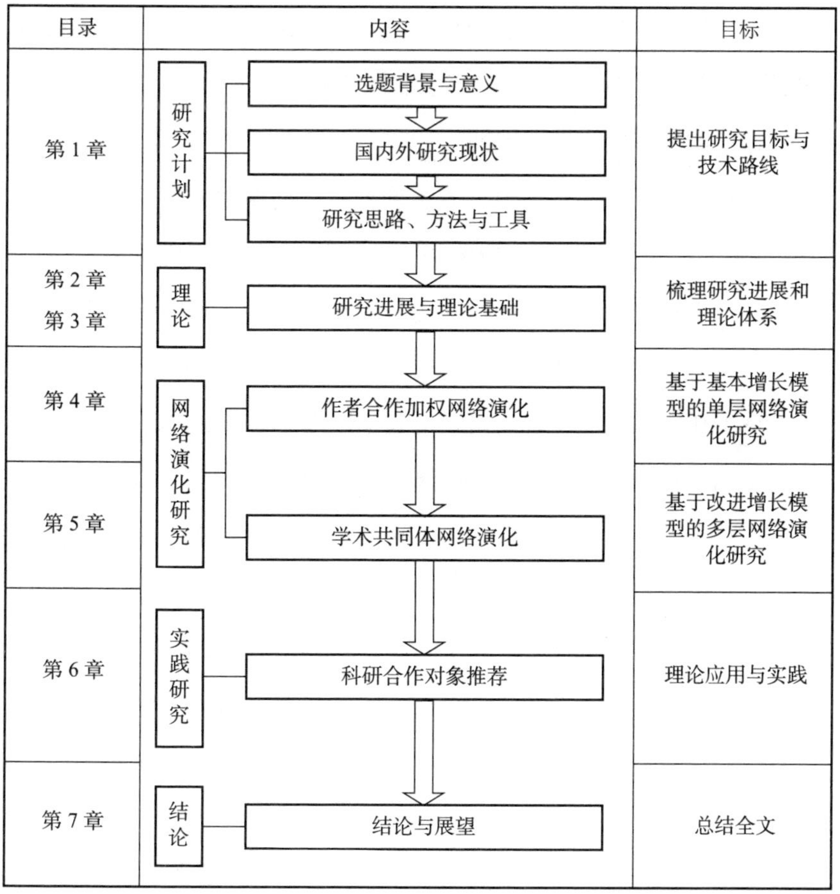

图1.1　本书的总体结构

1.5 本书的创新之处

本书把偏好理论、动态网络理论应用于科研合作现象的研究，进一步拓展了科研合作网络现象的研究视角。具体的创新之处主要体现在以下几个方面：

（1）传统的绝对合作频次边加权方法会高估多作者署名论文对整个网络边权重的贡献，且署名越多虚假贡献越大。本书利用科研贡献度，根据论文中作者的数目和署名顺序，为合作网络中节点和边设置权重，一定程度上解决了绝对频次加权的虚假贡献问题，有利于科学合理地识别作者地位和分析网络结构特征。

（2）针对作者合作对象数目的不确定性，前期学者通过引入“随机概率”的方式能够更大程度模拟网络演化过程。本书在“随机概率”连接规则的基础上充分考虑作者合作对象数目的差异性，通过引入“分段随机概率”连接规则、“条件随机概率”连接规则和“共现概率”规则，能够针对具体的研究问题更大限度消除不确定性因素的影响，有利于通过设置蒙特卡洛数值更加真实地模拟网络演化过程。

（3）作者合作网络结构逐步由无权网络转变为加权网络，节点在网络中的地位衡量也由节点度扩展为节点强度，择优规则也由“度择优”扩展为“强度择优”。本书将“度择优”和“强度择优”规则进一步改进为“混合度择优”规则，更加客观地描述了节点间优先连接的可能性。

（4）在作者、关键词和机构三个要素所形成的异质网络的基础上构建基于元网络的学术共同体网络动态演化模型，在模型演化过程中通过考虑关键词、机构分别与作者间的共现关系，实现三层同质网络和三层异质网络的同步演化，有利于通过研究三种要素间的协同机制优化学术共同体的网络结构，有利于促进学术繁荣与科研创新。

（5）从关键词共现、共引、共被引三个维度构建基于共现偏好的科研人员学术偏好模型，利用科研贡献度加权方法从科研主体加权的角度构建基于三种事件的2-模矩阵，并利用修正的余弦相似性公式对2-模矩阵进行规范化处理，能够更加科学地衡量科研人员之间的潜在合作关系强度，有利于更加准确地为科研人员推荐合适的合作对象。

第2章

科研合作研究的发展

科学研究推动了人类社会发展的进程。18 世纪中叶以来，人类历史上先后发生了三次科技革命。第一次科技革命标志着农耕文明向工业文明过渡，改变了社会关系和国际格局；第二次科技革命使人类社会进入了“电气时代”，电力、化工、汽车等重工业兴起；“二战”后开始的第三次科技革命还在全球扩散和传播。关于科学研究重要性的相关论述也比较多，马克思曾指出：“生产力中也包括科学，科学技术是生产力。”邓小平也提出“科学技术是第一生产力”的重要论断。科学研究具有创新性、继承性、探索性的特点，科研人员个体间知识、技能的差异性和局限性，决定了科研合作的必要性。

随着科学研究内容难度和深度不断提高，科研合作已成为科研人员进行科研交流的主导形式。科研合作是社会发展过程中的必然产物，能够实现互利共赢的目标，是科学家们基于个人理性所达成的相互协调、相互配合、共同行动的研究形式。科研合作模式根据合作对象的不同，主要包括导生合作制、机构合作制、区域合作制、内部合作制等。随着对科学研究认识的不断深入，科研合作研究也在不断发展完善。人们越来越认识到，科研合作的成效取决于科研合作的广度和深度，只有通过合作才能实现更大的创新，才能在人类进步和社会发展中发挥更大的作用。

2.1 科研合作及相关概念

科研合作作为一个组合词，不仅是字面意义上的组合，更是代表科研人员间知识、技能的融合。从广义角度来看，虽然科学研究与科研合作早已存在，事实上目前还没有一个较为全面、确切的关于科研合作的定义，相关组织、学者都是依据自己的理解和需要从不同角度进行定义的。随着当前科研活动中科研合作的普遍存在，关于科研合作的研究随之增多，为了更好地对科研合作展开研究，必须首先对科研合作及其相关概念进行了解。

2.1.1 科研合作

合作是一个内涵非常丰富的概念，指两个或两个以上的行为主体为了达到共同目的而进行的联合操作。合作作为一种重要的亲社会行为，是个人在实践活动中实现社会化的表现形式，研究人员分别从合作主体、合作对象、合作内容、合作深度等角度对其展开系统研究。

科学研究是一项复杂、艰巨的群体劳动，在科研活动中人与人之间的相互作用直接影响科研合作和科研计划的完成。在过去相当长的历史时期内，科学研究处于相对分散、缺乏组织的状态中，是个体进行的“自由研究”。进行科研合作是攻克科学难关、促进科技进步的需要，随着现代科学研究的深入，科研合作的重要性正被越来越多的人所认识并接受。

个人认为，明晰科研合作的定义，首先要明确合作的概念。《现代汉语词典》中关于“合作”的定义是：相互配合做某事或共同完成某项任务；《牛津英语词典》对“合作”(collaboration)一词的解释是：为分享某一结果共同工作或行动；马克思则认为合作是以群体的联合力量和集体行动来弥补个体自卫能力的不足；谈蔓延认为合作作为人类社会普遍存在的现象，是人类社会实践活动中相互作用的一种基本形式，是人们为实现共同目的或各自利益而进行的相互协调的活动，也是为共享利益或各得其利而在行动上相互配合的互动过程[67]。

可见，合作广泛存在于社会生活的各个方面，科学研究领域也存在广泛的科研合作。目前科研合作虽然没有统一、清晰的概念，但基本特征相似。比较有代表性的概念有：

国外学者 Ziman[68]认为，科研合作是一种科研政策工具，可以被看作是科学发展到一定“稳定期”之后的产物，进入“稳定期”之后合作效应在提高科学知识产出方面发挥着越来越重要的作用。

冯鹏志[69]从合作群体的角度对科研合作的概念进行了解释，他认为科研合作的存在以科研合作体的存在为标志，所谓科研合作体，是指不同学科、不同部门或不同专业的科研人员聚集在一起，围绕一个共同的科研课题(项目或任务)进行研究的科研协作群体。

赵蓉英等[70]认为科研合作是指两个或者两个以上科研人员或组织共同致力于同一研究任务，通过相互配合、协同工作而实现科研产出最大化目标的一种科学活动，其本质是合作者之间的资源共享。

本书以赵蓉英等的一般定义为基础，认为科研合作不仅是科研主体(科研人员)之间的合作和以知识融合、知识创新为表现形式的科研客体之间的合作，也包含以科研机构合作为代表的中介组织间的合作。科研合作有广义和狭义之分，狭义的科研合作指直接合作，指合作者共同参与某项课题或任务，通过正式的沟通交流、资源共享、互帮互助的形式进行科学研究，并产生有形知识，如论文合著、专利署名等科研成果；广义的科研合作不仅包含直接合作这种强合作关系，也包含引用、共现等双方没有发生实质合作行为的弱合作关系。

随着“大科学”时代各学科领域科学研究的深入推进，科学研究的复杂性和综合性日渐增加，科学研究的关键成果和重大突破越发依赖跨领域、跨机构、跨国家的互动与协作。科研合作成为学术领域中普遍而重要的行为，其迅猛增长及对科学技术的巨大推动作用引起了众多学者的广泛关注。

2.1.2 科研合作与作者合作

科研成果是指人们在科学研究和技术开发活动中通过复杂的智力劳动所得出的具有某种被公认的学术或经济价值的知识产品，是人们在科学技术领域从事创新性劳动的智慧结晶。由于现代科学研究或技术开发活动的复杂性，科学研究或技术开发活动往往由多人共同参与，科研成果多由不同国家、组织的科研人员共同协作完成。科研成果具有新颖性、先进性、实用性、重复性等特征，根据其性质，可将其分为三种类型：①基础理论成果，是指在基础研究和应用研究领域取得的新发现、新学说，其成果的主要形式为科研论文、科学著作、原理性模型或发明专利等。②应用技术成果，是指在科学研究、技术开发和应用中创造的新技术、新工艺、新产品、新材料、新设备，以及农业、生物新品种、矿产新品种和计算机软件等。③软科学成果，是指对科技政策、科技管理和科技活动的研究所取得的理论、方法和观点，其成果的主要形式为研究报告。

Price(1963)是最早关注科研合作增长状况的学者之一，基于科研论文有着比较规范和详细的篇名、作者姓名等文献外部特征和主题词、分类号等内部特征，他提出用论文合作来衡量科研合作。署名的顺序代表科研人员在科研活动中的贡献强度，署名适当有利于促进学术合作及知识分享。作者合作指两个及两个以上的科研人员共同署名一篇科研论文。科研论文是科研成果的代表性形式，作者合作是科研合作的重要表现形式，其内涵是作者所掌握的知识、技能的融合与创新。目前通过分析科研论文中的作者合作研究科研合作现象已经成为国内外学术界认可并普遍使用的研究方法。

2.1.3　科研合作与机构合作

合作已经成为科研活动的主要形式，因此，对于机构合作的研究，不仅可以提高科研机构的科研效率，促进科研机构的交流与进步，推动科研事业的发展，还可以起到帮助科研机构协同创新的作用。机构合作是指在繁荣学术研究、推动学术交流的共同目标下，围绕学术生产和传播活动，没有隶属关系的不同学术机构以横向沟通的方式进行协调、合作。科研合作的形式较为多样，对于某个学科的研究可从微观(个人)、中观(机构)、宏观(国家)三个层次进行，对于某项具体科研合作互动的研究也可从主体(科研人员)、客体(知识)、中介组织(机构)三个层次进行。从辩证的角度来看，科研人员与其所在单位间是从属关系，科研人员间的合作即代表相应所属单位间的合作，机构间的合作需要选派科研人员作为科研主体参与。

机构作为中介组织，为实现规范合作、高效合作提供组织保障。基于科研人员与其所在机构的固有关系，机构合作因科研合作活动的进行而事实存在。现阶段关于机构合作的研究，较多的还是基于科学计量理论和网络理论。国内外学者在最初研究机构合作时，通常利用科学计量、数理统计及组合数学模型等方法进行深入研究，取得了丰硕的成果。随着复杂网络理论的成熟和推广，国内外相关学者也将其用于分析某领域内的机构合作网络特征，以机构为切入点构建机构合作网络，通过加权模式反映机构间的合作关系，以清晰地了解领域内机构数量、机构科研产出、科研机构权威性等信息，发现其中的规律，分析领域内机构的合作特点。跨机构合作不仅对于机构个体质量和影响力的提升有重要作用，而且有助于引导业界学术生产方式的改变并形成合作共赢、融合发展的良好生态。经过多年的探索与实践，以“产学研合作”为代表的机构合作模式已成为提升创新能力的主要路径，更是当前的时代背景下促进创新成果转化、推动产业发展的必然选择。

2.1.4 科研合作与知识交流

知识是一个内涵较为丰富的概念，不同学者对它的认识有很大区别。从客观存在性角度来看，知识具有广泛存在性，知识交流随着知识的存在而存在。目前关于知识交流比较有代表性的概念有：知识交流是指借助于某种符号系统，围绕知识进行的一切知识加工与知识交往活动[71]；知识交流指不同思想、观念之间的互相影响、互相作用的过程[72]；知识交流指存在知识不对称的双方，在一定的动机作用下，一方通过某种载体，把知识传递给对方并产生影响的交互活动[73]。综合相关定义可知，知识交流具有互为主体性、互惠增生性和中介性等特征，交流主体、交流客体和交流工具是构成知识交流活动的三个基本要素。

科研合作与知识交流的关系较为密切，科研合作包含着知识交流，知识交流构成了科研合作中最为核心的内容，在某些情况下可以说科研合作的本质就是知识交流。科研人员在知识交流的过程中必然会形成各种各样的关系，如合作关系、引证关系、链接关系等。因此，科研合作与知识交流无论是在内涵上，还是外延上，都存在着共性。

但科研合作与知识交流存在根本性的区别，不能简单地视为等同关系或者包含与被包含的关系。大量研究表明，弱关系可以提供良好的信息途径、工作机会以及知识交流；强关系则可以提供社会影响、社会支持以及长期的合作。在这里可以看出，知识交流基于弱关系而产生，而科研合作却是构建于强关系之上。从这一观点引申出去，可以认为科研合作一定包含知识交流，但是知识交流并不一定是科研合作，也就是说，知识交流是构成科研合作的必要条件，但不是充分条件。正如前文所述，科研合作的本质是交流，交流的内容包含多种类型的资源，知识交流只是其中一种，而且科研合作中所发生的知识交流是一种集中、强化、双向的交流活动[74]。

2.1.5 科研合作与显性合作

目前从科研合作的形式来看，即使在“什么是科研合作”这个最基本的问题上，仍然没有形成统一认识，例如按照不同表现形式可以将科研合作分为显性合作与隐性合作。关于科研合作分类的研究，较多集中在以社会网络为背景的合作关系中。邱均平等在研究计量学领域合作关系时，将显性合作等同于外在作者合作关系，并说明此种合作是建立在作者共同发表文章的基础上的，而由于现实原因的限制无法直接进行合作的学者，会在相同研究领域存在潜在合作关系即隐性合作[75]。而在语义检索研究领域，国内学者发现存在显性合作关系的网络并不显著，而隐性合作网络主要围绕少数研究人员展开延伸[76]。同样地，在对学术社区发现方法进行研究时，逯万辉等从显性、隐性两个方面分别对其进行探究，他们将学术访问、文献引用等都归类为显性的学术交流关系，将共同的探究观点、相同的兴趣领域等归类为隐性的学术交流关系[77]，即科研人员已发表的文章题目中含有相同关键词或研究主题类似[78]。

显性合作又叫“有形合作”“直接合作”，指合作者共同参与某项课题或任务，通过正式的沟通交流、资源共享、互帮互助的形式进行科学研究，并产生了有形知识，如论文合著、专利署名等。显性合作属于强合作关系，目前国内外学者关于科研合作问题的研究大多集中于对合著论文的统计和分析这种显性合作形式。这种合作形式将科研合作等同于合著，限制了科研合作概念的外延，仅能从作者层面单一反映作者间的直接合作关系，难以从知识融合等角度反映出真实全面的合作状况。

2.1.6 科研合作与隐性合作

部分学者认为任何形式的学术交流，甚至包括引用，都可以视为合作，使得科研合作的概念呈现出“大而无形”的倾向，这种科研合作概念的理念更侧重于隐性合作。隐性合作又叫“无形合作”“间接合作”，指由于现实原因的限制无法直接加入合作的学者，会在相同研究领域存在潜在合作关系并存在实际知识共享行为，如非正式的讨论等。

引用关系是否能够构成科研合作？在科学研究中引用是一种普遍的现象，一般来说被引文献是引用文献的研究基础，也就是说，被引作者的研究成果，包括观点、数据或者方法，对于引用作者的研究有重要的启发或者指导作用，对引用文献产生了实际的影响或贡献，因此，部分学者认为可以把被引作者和引用作者之间的引用行为视为科研合作。而另一部分学者认为，引用双方并没有发生实质的合作行为，多数情况下引用双方互不相识，甚至生活在不同的历史时期，因此，引用关系只能算作是单向的信息交流，并不构成科研合作。

目前国内外学者主要从关键词共现、共引、共被引等视角研究隐性合作。笔者认为隐性合作属于弱合作关系，也有学者从这一视角挖掘作者间可能存在的潜在合作关系，主要基于共同研究对象或知识结构互补等原理进行合作对象推荐或知识资源推荐。

2.2　科研合作的研究视角

科研合作作为科学研究过程中普遍存在的活动形式，涉及各个学科、领域，因此关于科研合作的研究较为复杂。以“科研合作”为题名，在《中国学术文献网络出版总库》中检索，共得到 2349 条记录，按学科类别分组为：高等教育（312 条）、图书情报与数字图书馆（225 条）、科学研究管理（215 条）、企业经济（167 条）、宏观经济管理与可持续发展（159 条）、计算机软件及计算机应用（124 条）、医学教育与医学边缘学科（110 条）、数学（102 条）、医药卫生方针政策与法律法规研究（98 条）、中药学（98 条）、工业经济（83 条）、生物学（79 条）、中医学（79 条）、世界历史（66 条）、教育理论与教育管理（61 条）、有机化工（57 条）、经济体制改革（54 条）、环境科学与资源利用（53 条）、建筑科学与工程（51 条）、社会学及统计学（48 条）等。可见，科研合作这个名词广泛存在于各个领域，相关学者从不同视角对各个学科的科研合作情况进行了研究。

2.2.1　定性研究视角

由于科学研究的综合性和复杂性，科研人员逐渐放弃了单兵作战的科研模式，科研合作成为科研活动的主流，随着科研合作活动的普遍化，这一现象引起了相关学者的注意并对其展开研究。关于科研合作研究的早期阶段主要进行的定性研究，通常从概念界定、合作动因、影响因素、影响效果、模式等角度展开[79]。

学者们在科研合作概念问题上的分歧反映出对于科研合作概念的界定带有很强的主观性，科研合作的定义至今仍不明确。凡是参与科研项目并为之作出贡献的人员是否都能算作是合作者？有人认为，只要参与了项目研究并为项目完工做出了实质的贡献，都可以算作是科研合作者；也有人认为，辅助性工作并未产生创造性的思想成果，所以不能构成科研合作；还有人认为，并不是只要参与项目并为项目做出贡献都可以看作是合作者，只有当贡献度超过一定阈值之后才能构成科研合作，至于阈值大小则因人而异。笔者赞同“当贡献度超过一定阈值之后才能构成科研合作”的观点，但在实际操作时，贡献度如何衡量、阈值如何设定，不同的人会有不同的标准[80]。

合作动机是实际合作行为的前提，科研合作是一个内在的社会化过程，科研合作的动机较为多样，例如，应对科学发展的需要、实现科研资源的优势互补、适应科研奖励政策、应对学科间交叉融合研究的需要、巩固社会关系。和其他的人类交流行为一样，有多少个人参与合作就有多少种合作动机。事实上，科研人员选择合作可能并不是仅出于某一种动机，更多的情况下是两个或者多个动机综合作用的结果，是科研人员在经过全方位、多角度的比较和权衡之后做出的理性选择。而以上几个方面的合作动机相互之间存在着内在的联系，往往同时对科研人员的决策产生影响。

从个体因素角度来看，科研合作存在明显的性别差异和年龄差异，女性在发文质量、基金资助、合著率等方面都相对较低；另外，由于年轻科研人员存在毕业压力、考核压力和职称晋升压力等，合作论文中第一作者呈现低龄化和低职称化的趋势。从情境因素角度来看，跨机构、跨地区的合作呈上升趋势，主要是由于交通和通信技术的发展在很大程度上降低了沟通交流的成本，消除了因地理距离带来的合作障碍。从学科因素角度来看，科研合作更适用于应用研究和实验研究，不同学科间的合作比例存在差异，研究结果显示，理论研究论文的作者人数通常少于实验研究论文的作者人数。

对于科研合作的影响效果，从论文数量角度来看，论文合作与科研产出能力是正相关的，且科研能力较强的科研人员间的合作较为频繁。从论文质量的角度来看，科研合作能够显著提高科研产出的质量和研究成果的影响力。从论文发表难易程度来看，论文作者人数与论文原稿被期刊接受并发表的可能性呈正相关关系。

对于科研合作的模式，从个体层面来说，根据学科性质可以将其分为互补性合作、增补性合作和师徒制合作三种不同的合作模式。从组织层面探讨科研合作模式，包括基于学科的科研合作模式和基于数据库的科研合作模式。目前有关科研合作组织层面的研究还处于自发阶段，学者们以某一学科或者期刊为研究对象，仅对不同类型的合作形式进行描述，缺乏对合作现象深层次原因的剖析。从国家层面来看，国际科研合作中，双边合作仍占主导地位，而多边合作呈现增长趋势。对合作模式的选择，应综合考虑不同国家及地区的科技发展水平、研究机构的政策或惯例、学科性质或领域、文化地理差异等因素。

2.2.2 信息计量学视角

20世纪80年代开始，国内外学者从不同角度提出关于科研合作能力的指标，并对指标的可行性及适用性进行分析。目前用于计量科研合作的指标较多，各指标以不同的计量方法从不同的角度来研究科研合作。从时间角度来看，20世纪80年代主要是对相对简单的科研合作计量指标进行研究，2000年以后是对复杂的科研合作计量指标进行研究。

2.2.2.1 简单的科研合作计量指标

20世纪80年代科研活动中科研合作越来越普遍，科研合作成果越来越多，引起学者对这一现象进行研究，并提出一些用以描述科研合作状态的指标，如合作指数(Collaborative In-dex，CI)、合作率(Degree of Collaboration，DC)、合作系数(Collaborative Coefficient，CC)、修正合作系数(Re-vised Collaborative Coefficient，RCC)等。

合作指数是指地域、机构、科学家个人、学科或期刊所发表论文的篇均作者数。早在 1980 年，佛罗里达州立大学的 Lawani 在其博士学位论文中便提出运用合作指数来衡量科研人员的合作能力，并将其用于癌症领域的文献计量研究当中[81]。

$$CI = \frac{\sum_{j=1}^{q} jf_j}{N} \tag{2.1}$$

其中，j 表示单篇文献的作者数量；f_j 表示作者数量为 j 的文献数量；q 表示单篇文献的最大作者数量；N 表示文献数量。

合作率是指地域、机构、科学家个人、学科或期刊所发表论文中合著论文占全部论文的百分比。1983 年，德雷塞尔大学图书馆与情报学学院 Subramanyam 的研究区分合作类型，利用文献计量方法，提出合作率指标以衡量合作能力[82]。

$$DC = 1 - \frac{f_1}{N} \tag{2.2}$$

其中，f_1 表示作者数量为 1 的文献数量；N 表示文献数量。

合作指数和合作率被提出以后，曾广泛地应用于研究期刊论文合作情况，成为考察和衡量某种期刊或者某一学科论文作者合作程度的重要指标。由于合作指数 CI 和合作率 DC 指标不够全面，1988 年西安大略大学图书馆与情报学学院 Ajiferuke 等对合作指数和合作率指标进行了比较研究，并在此基础上提出了合作系数指标来衡量科研合作能力[83]。

$$CC = 1 - \frac{\sum_{j=1}^{q} (\frac{1}{j}) f_j}{N} \tag{2.3}$$

其中，j 表示单篇文献的作者数量；f_j 表示作者数量为 j 的文献数量；q 表示单篇文献的最大作者数量；N 表示文献数量。

修正合作系数是对合作系数 CC 指标的修正。1991 年，比利时的 Eagghe 认为合作系数指标还不够精细，他提出了计量合作程度的基本原理：新的测量方法首先必须满足旧的测量方法的所有功能，而且，它还必须能区分各种不同的合作情况。其对 CC 指数进行了修正，并进行了验证[84]。他制定了衡量合作能力有效方法所需要满足的八项准则，修正合作系数 RCC 满足了大多数准则。

$$RCC = \frac{n}{n-1}\left\{1 - \frac{\sum_{j=1}^{q} (\frac{1}{j}) f_j}{N}\right\} \tag{2.4}$$

其中，j 表示单篇文献的作者数量；f_j 表示作者数量为 j 的文献数量；q 表示单篇文献的最大作者数量；N 表示文献数量；n 表示作者人数总和。

2.2.2.2　复杂的科研合作计量指标

2000 年以后，随着科研合作规模的逐步扩大，简单的统计指标已不能满足对科研合作研究的需求，随着计算能力的提高，复杂指标的应用成为可能，另外，新的分析方法被引入合著分析领域，学者们提出一些新的科研合作计量指标。有代表性的有点度中心性（degree centrality）、L 指数（Lobby in-dex）、H 度指数（H-degree）和合作能力指数（partner-ship ability index）等。

在文献计量研究领域引入社会网络分析法后，点度中心性指标也被用于计量科研合作[85]。点度中心性（degree centrality）是指在社会网络中，一个行动者与其他很多行动者有直接联系，该行动者就处在中心地位。用于科研合作网络，即一个学者、机构或国家等与其他很多学者、机构或国家等有直接的科研合作关系，该学者、机构或国家等就处于中心地位。点度中心性可反映合著作者数量。

L指数(Lobby in-dex)是由匈牙利学者根据H指数提出的新的点度中心性计量方法，用以研究网络中节点的合作效率，并研究其分布规律，在实证网络中进行验证[86]。设定高效的合作要有尽量高的影响及尽量低的成本，而合作效率即影响他人观点的能力，节点 n 至少与 k 个点度中心性不小于 k 的节点有直接联系，节点 n 的L指数则为 k 的最大整数值[87]。在合著网络中，如果作者A与 n 个作者有科研合作，其中的 k 位作者至少与其他的 k 位作者有合作关系，而与其他作者有合作关系的作者数量均不多于 k，那么作者A的L指数就是 k 的最大整数值。

H度指数(H-degree)是由浙江大学博士生赵星等将社会网络分析方法与H指数相结合，提出的计量加权网络的基本指标，他们对节点强度、H度指数和L指数进行比较分析，提出中心性及中心度指标[88]。节点至少与 d_h 个节点之间存在强度不小于 d_h 的联系，那么节点的H度指数即为 d_h 的最大整数值。

合作能力指数(partner-ship ability index)是由Schubert根据H指数提出的基于合著作者人数及合著频次的计量合作程度的H型指数[89]，并经过了验证[90]。科研合作能力是指创造和维护有效科研合作的能力，如果作者A与 n 个作者有科研合作，作者A与其中的 φ 位作者至少合作了 φ 次，而与其他作者之间的合作次数均不多于 φ 次，那么作者A的合作能力指数就是 φ。由于在科学计量学研究中通常用合著来表示科研合作，合作能力指数就是指作者与 φ 位作者至少合著了 φ 篇文献。比利时安特卫普大学的Ronald Rousseau对合作能力指数做出评价，认为其不仅在信息计量学领域有潜在的研究价值，在社会研究等领域也有待进一步研究[91]。

2.2.3 静态网络视角

与图论的研究有所不同，复杂网络的研究更侧重于从各种实际网络的具体现象中抽象出一般的网络几何量，并用这些一般性质指导更多实际网络的研究，进而通过讨论实际网络中的具体现象发展网络模型的一般研究方法，最后讨论网络本身的形成机制。图论与社会网络分析提供的网络静态几何量及其分析方法是复杂网络研究的基础。复杂网络主要包括以下几个静态特征：

2.2.3.1 网络密度

网络密度指的是一个网络中各节点之间联络的紧密程度。固定规模的点之间的连线越多，该网络的密度就越大。网络密度的取值范围为[0，1]，当网络内部完全连通时，网络密度为1，而实际网络的密度通常远小于1，目前能够发现的最大密度值是0.5。

在无向网络中，密度用网络中实际拥有的连线数 l 与最多可能存在的连线总数之比来表示，即密度 $=2l/n(n-1)$；在有向网络中，有向网络所能包含的最大连线数恰恰等于它所包含的总对数，即 $n(n-1)$，密度 $=l/n(n-1)$。其中 n 表示网络的规模，即该网络一共有 n 个点。

2.2.3.2 节点度与度分布

与某点相邻的那些点称为该点的“邻点”(neighborhood)，一个点 n_i 的邻点的个数称为该点的“度数”(nodaldegree)，记作 $d(n_i)$，也叫关联度(degree of connection)。

一个点的度数就是对其“邻点”多少的测量。实际上，一个点的度数也是与该点相连的线的条数。如果一个点的度数为0，则称之为“孤立点”(isolate)。

在一个有向网络中，必须考察线的方向。因此，一个点的“度数”包括两类，分别为“点入度”(in-degree)和“点出度”(out-degree)。一个点的点入度指的是直接指向该点的点的总数；点出度指的是该点所直接指向的点的总数。

网络的度分布是对一个网络中节点度数的总体描述，即为网络中节点的度的概率分布或频率分布。如果我们定义 $P(k)$ 为网络中度为 k 的节点在整个网络中所占的比率，也就是说，在网络中随机抽取到度为 k 的节点的概率为 $P(k)$，那么，可以用一个直方图来描述网络的度分布(degree distribution)性质。

2.2.3.3 测地线、距离和直径

在给定的两点之间可能存在长短不一的多条途径。两点之间的长度最短的途径叫作测地线。如果两点之间存在多条最短途径，则这两个点之间存在多条测地线。

两点之间的测地线的长度叫作测地线距离，简称为“距离”(distance)。也就是说，两点之间的距离指的是连接这两点的最短途径的长度。

一个图一般有多条测地线，其长度也不一样。我们把图中最长测地线的长度叫作图的直径。如果一个图是关联图，那么其直径可以测定。如果图不是关联的，那么有的点对之间的距离就没有界定，或者说距离无穷大，在这种情况下，图的直径也是无定义的。

2.2.3.4 集聚系数

假设节点 v_i 与 k_i 个节点直接连接，那么对于无向网络来说，这 k_i 个节点间可能存在的最大边数为 $k_i(k_i-1)/2$，而实际存在的边数为 M_i，

由此我们定义 $C_i=2M_i/[k_i(k_i-1)]$ 为节点 v_i 的集聚系数。

对于有向网络来说，这 k_i 个节点间可能存在的最大弧数为 $k_i(k_i-1)$，此时 v_i 的集聚系数 $C_i=M_i/[k_i(k_i-1)]$。

将该集聚系数对整个网络作平均，可得网络的平均集聚系数为：

$$C=\frac{1}{N}\sum_{i=1}^{N}C_i \tag{2.5}$$

显然，$0\leqslant C\leqslant 1$。当 $C=0$ 时，所有节点都是孤立节点，没有边连接。当 $C=1$ 时，网络为所有节点两两之间都有边连接的完全图。对于完全随机网络来说，当节点数很大时，$C\rightarrow O(1/N)$。而许多大规模的实际网络的集聚系数通常远小于 1 而大于 $O(1/N)$。对于社会网络来说，通常随着 $N\rightarrow\infty$，集聚系数 $C\rightarrow O(1)$，即趋向一个非零常数。

2.2.3.5　中心性

"中心性"是社会网络分析中的重点之一。中心性分析包括中心度和中心势。中心度特指单个行动者的中心性，描述每个点的特征，就是计算与该点有直接联系的其他点有多少；中心势特指一个图向核心点靠拢的程度，特指一个图的中心性，描述作为一个整体的网络的特征，就是计算出一个指标，用它来描述该网络在多大程度上是围绕着一个点而建立起来的[92]。

（1）点度中心性。

1）点度中心度。

在一个社会网络中，如果一个行动者与很多其他行动者之间存在直接联系，那么该行动者就居于中心地位，在该网络中拥有较大的"权力"。在这种思路的指导下，网络中一个点的点度中心度，可以用网络中与该点有直接联系的点的数目来衡量。点度中心度可分为两类：绝对中心度和相对中心度。前者是指与该点直接相连的点数，后者为前者的标准化形式。如果某点具有高度数，则称该点居于中心，可能拥有最大的“权力”。由于绝对中心度的测量根据是与该点直接相连的点数，忽略间接相连的点，因此又称“局部中心度”。当图的规模不同时，不同图中点的局部中心度不可比较。而相对中心度则是比较不同图的点度中心性的指标，它是点的绝对中心度与图中点的最大可能的度数之比。

2）点度中心势。

有时候我们关注的不是点，而是整个图，研究不同图是否有不同的中心趋势。点度中心势可以达到比较不同图的中心趋势的目的。对于一个网络来说，它的中心势指数的思想是：首先，找到图中的最大中心度的值；其次，计算该值与任何其他点的中心度的差，从而得到多个“差值”；再次，计算这些“差值”的总和；最后用这个总和除以各个差值总和的最大可能值。

（2）中间中心性。

1）中间中心度。

中间中心度是测量行动者对资源控制的程度。在网络中，如果一个行动者处于许多其他两点之间的路径上，可以认为该行动者居于重要地位，因为他具有控制其他两个行动者之间的交往的能力，即该点具有较高的中间中心度。

2）中间中心势。

从整体上说，一个图也有其中间中心势指数。该指数可以表示为：

$$C_B = \frac{\sum_{i=1}^{n}(C_{RB\max} - C_{RB_i})}{n-1} \tag{2.6}$$

其中，C_{RBi}是点的相对中间中心度。

（3）接近中心性。

点度中心性刻画的是局部的中心指数，衡量的是网络中行动者与他人联系的多少，没有考虑到行动者能否控制他人。中间中心性测量的是一个行动者“控制”他人行动的能力。有时，我们还要研究网络中的行动者不受他人“控制”的能力，这种能力就用接近中心性来描述。如果一个点通过比较短的路径与许多其他点相连，我们就说该点具有较高的接近中心性。因为接近中心性计算的节点与其他点的距离越短，表明该点越容易到达其他点，因此接近中心性小的节点在网络中处于核心地位。

1）接近中心度。

接近中心度是一种对不受他人控制的测度。如果一个点与网络中所有其他点的距离都很短，则称该点是整体中心点。在图中，这样的点与许多其他点都很“接近”。

2）接近中心势。

从整体上说，一个图也有其接近中心势指数。该指数可以表示为：

$$C_c = \frac{\sum_{i=1}^{n}(C'_{RC\max} - C'_{RCi})}{(n-2)(n-1)}(2n-3) \tag{2.7}$$

其中，C'_{RCi}是点的相对接近中心度。

2.2.3.6　凝聚子群

大体上说，凝聚子群是满足如下条件的行动者子集合：在此集合中的行动者之间具有相对较强的、直接的、紧密的、经常的或者积极的联系。当网络中某些行动者之间的关系特别紧密，以至于结合成一个次级团体时，这样的团体在社会网络分析中被称为凝聚子群。凝聚子群具有四个一般属性：联系的交互性；子群成员的接近度或可及性；成员间联系的频率；与非成员相比，子群成员间联系的相对频率。通过对社会网络凝聚子群的分析，可揭示并量化社会结构。

（1）n-派系。

在一个图中，“派系”指的是至少包含三个点的最大完备子图。①派系的成员至少包含三个点；②派系是“完备”的，即其中任何两点之间都是直接相关，都是邻接的；③派系是“最大”的，其含义是，我们不能向其中加入新的点，否则将改变“完备”这个性质。

对于一个总图来说，如果其中的一个子图满足如下条件，就称之为 n-派系：在该子图中，任何两点之间在总图中的距离（即测地线距离）最大不超过 n。一个 1-派系实际上就是最大的完备子图本身，也就是上述的“派系”。而一个 2-派系则是这样的一个派系：其成员或者直接（距离为 1）相连，或者通过一个共同邻点（距离为 2）间接相连。

（2）k-丛。

一个 k-丛就是满足下列条件的一个凝聚子群：在这样一个子群中，每个点都至少与除了 k 个点之外的其他点直接相连。也就是说，当这个凝聚子群的规模为 n 时，其中每个点至少都与该凝聚子群中 $n-k$ 个点有直接联系，即每个点的度数都至少为 $n-k$。如果 $k=1$，根据定义，1-丛中的每一个成员都与其他 $n-1$ 个点相连，那么，一个 1-丛就等于 1-派，即一个派系，是一个最大的完全子图。当 $k=2$ 时，其中所有点都至少与 $n-2$ 个其他点相连，但是，2-丛可以不是 2-派系。

（3）k-核。

k-核指的是满足下面条件的一个子图：子图中的点都至少与该子图中的 k 个其他点邻接。k-丛要求各个点都至少与除了 k 个点之外的其他点相连，而 k-核要求任何点都与至少 k 个点相连。

2.2.4　动态网络视角

动态网络分析(dynamic network analysis)是将传统的社会网络分析、链路分析、社会模拟和网络科学相结合的新兴科学领域。不同于传统的社会网络分析，动态网络分析考虑了社会特征的交互作用，动态网络是一种更加具有活力的多模式、多重网络。

2.2.4.1　动态网络类型

按照不同的划分标准可以将动态网络划分为不同的类型。

（1）以网络演化的部件划分。

1）基于点边的网络演化模型：网络演化过程中网络的节点和边都可以增加或删除的演化模型。例如，BA 模型是基于增长和择优连接两个原理提出的，增长原理强调了网络节点的演化，择优连接原理强调了网络边的演化。BA 模型具有幂律度分布的特性，目前大多数的网络演化模型都是基于点边的网络演化模型。

2）基于边的网络演化模型：网络演化过程中，节点数不变，但是边可以增加或删除的演化模型。例如，ER 模型在给定的节点之间采用随机连边策略产生随机图模型；WS 模型在给定的节点之间采用边重连的策略产生小世界网络模型。

（2）以是否考虑权重划分。

1）无权网络演化模型：如果对所研究网络的边没有赋予相应的权值，则该网络就称为无权网络。基本的 ER 模型、WS 小世界模型、NW 小世界模型以及 BA 模型都属于无权网络演化模型。目前基于 BA 模型产生了大量的无权网络演化模型。根据 BA 模型的网络增长和择优连接两条原理，这些模型大体可以分为两类：修改增长规则的无权网络演化模型和修改连接规则的无权网络演化模型。

2）含权网络演化模型：如果对所研究网络的边赋予了相应的权值，则该网络就称为含权网络或加权网络。含权网络演化模型认为网络承载的业务与网络拓扑结构是一种共生演化关系，相互驱动。现实世界的网络几乎都是含权网络。研究含权网络演化模型对理解真实网络的演化过程具有重要意义。具有代表性的含权网络模型有 DW 模型。

（3）以演化网络采用的演化机制划分。

1）单一演化机制模型：演化过程中只采取一种演化机制的模型。ER 模型、WS 小世界模型、NW 小世界模型、BA 模型以及众多基于这些模型的改进模型都是单一演化机制模型。单一演化机制模型能有效研究某一演化机制对网络演化性质的影响，但对处于复杂多变环境中的真实网络而言，采用单一演化机制模型往往太过理想化，因此将单一演化机制模型应用于实际网络研究还存在一些问题。

2）混合演化机制模型：网络在演化过程中采取多种演化机制的模型。为了描述确定性与随机性和谐统一的世界以及增长过程的复杂性和多样性，数值模拟和理论分析揭示了统一混合网络演化模型随多个混合比变化的若干特性，将其应用于一些现有的无权和含权复杂网络演化模型，可以获取更接近实际网络的特性。虽然混合演化机制模型能描述网络增长过程的复杂性和多样性，但是真实网络究竟采用了哪些演化机制以及各种演化机制所占比重的确定仍是一个需要解决的难题。

（4）以演化网络是否动态变化划分。

1）静态网络演化模型：在相邻两个时间步内，网络节点及节点之间的关系一直保持不变，则称这类网络为静态网络。目前研究的网络演化模型基本上都属于此类型。

2）动态网络演化模型：在相邻两个时间步内，网络节点及节点之间的关系（边）具有可变性，则称这类网络为动态网络。动态网络系统中，节点的状态和网络的拓扑都是动态演化的，二者之间可能是相互影响的，且系统在整体层面上会展示出各种各样的集体行为。当前的研究重点主要是系统具有什么样的集体动力学行为、如何干预或控制此系统等。

2.2.4.2　网络演化模型

网络演化模型刻画了网络随时间演化的机制。人们提出这些模型是源自这样一种观点：如果能正确地刻画对网络演化有作用的所有微观过程，就能正确地建模网络的拓扑特性。为了探索这些模型所生成网络的性质，需要使用动态方法，例如连续介质理论和速率方程方法。每种建模方式在网络理论中都发挥着重要作用，如果希望理解某种网络性质的成因，就需要采取演化网络模型从头刻画网络的形成过程。网络演化模型主要包括以下内容。

（1）规则网络。

复杂网络的研究传统上属于图论的范畴。图论的研究最初集中在规则图上，人们认为真实系统各元素之间的关系可以用规则网络来表示，如一维链等。常见的规则网络是指全局耦合网络和最近邻耦合网络。在全局耦合网络中，任意两点之间都存在连接。因此，全局耦合网络中的平均路径长度和聚类系数都为 1。对于一个有 N 个节点的全局耦合网络，其中的连边数为 $N(N-1)/2$，然而真实网络大多数都是稀疏网络，即网络中的连边数目一般为 $0(N)$。最近邻耦合网络是指每个节点仅仅和它最近邻的邻居节点连接。这样恰好能够得到一个稀疏的规则网络。其具有如下特征：网络中节点的连接度相同；网络具有较大的聚类系数；网络的平均路径长度与网络的规模成正比。在这种规则网络中，集群系数高，但平均路径长度大。显然，用规则网络刻画复杂的现实网络在很多情况下是不合理的。

（2）随机网络。

随着网络的结构越来越复杂，人们开始用系统的眼光来看待这些巨大的数据集合，以图论的形式来研究实际问题。图论的产生源于两位著名的数学家：Euler 和 Erds。图论的概念是由 Euler 提出来的，并用它解决了“科尼斯堡”的七桥问题，即在科尼斯堡的一个公园里，有七座桥将普雷格尔河中两个岛和河岸连接起来，问是否可能从这四块陆地中任意一块陆地出发，恰好通过每座桥再回到起点。Euler 用点表示岛和陆地，用边表示连接它们的桥，将河流、小岛和桥简化为一个网络，把问题转化为图论的问题，并证明了上述的走法是不可能的。

与规则网络相反的是随机网络。1960 年，匈牙利数学家 Paul Erdos 和 Alfred Renyi 发现概率理论在图论的研究中非常有用，并且在这个基础上提出了随机图模型（ER 模型）：给定 N 个节点，每一对节点之间以概率 p 相互连接。由于网络具有复杂的结构和未知的组织原则，因而总表现出一定的随机性，所以在早期的复杂网络系统研究中，随机图模型经常被采用，此后近 40 年来，随机图成为人们研究网络的主要工具。由于随机图中点的连线是等概率生成的，因此随机图是平衡的网络。它具有以下结构特点：①平均路径长度短，随机图的平均路径长度呈对数增长；②集群系数小，随着网络规模 N 的无限增大，集群系数趋于 0，从而不能反映实际网络的群聚特性；③它的度分布为二项分布，在点数 N 很大的情形下，它可以近似为 Poisson 分布，该分布有一个显著的峰值，并具有轻尾部特征。

（3）小世界网络。

20 世纪 60 年代，社会学家 Milgram“追踪美国社交网络中的最短路径”，他要求每个参与者设法寄信给一个住在波士顿附近的“目标人物”，规定每个参与者只能转发给一个他们认识的人，他发现完整的链平均长度为 6 个人。这就是著名的“六度分离”实验，证明了小世界现象，即对于大多数的网络，不管其尺寸有多大，任意两点间总有一条相对较短的路径。

规则的最近邻耦合网络具有高聚类特性，但不是小世界网络。另外，随机网络虽然具有小的平均路径长度，但却没有较大的聚类系数。因此，这两类网络模型都不能再现真实网络的一些重要特征，毕竟大部分真实网络既不是完全规则的，也不是完全随机的。在现实生活中，人们通常认识他们的邻居和同事，但也有可能有少量远在异国他乡的朋友。而且许多真实的网络也绝不是像随机网络那样完全随机地连接在一起。

1998 年，Watts 和 Strogatz 在 *Nature* 上发表了开创性文章，他们通过实证研究，发现众多实际网络介于两种极端网络之间。这种网络像规则网络那样具有高度的集群性，又像随机图那样具有短的平均路径长度，具有类似小世界现象，故他们把它称为“小世界网络”，并提出 WS 模型。WS 模型通过重新连接规则网络中的节点之间的连线来增加该网络的无规则性，即将规则网络随机化。演化模型为：从具有 N 个节点的环状规则网络开始，其中每个节点都与 k 个最邻近的节点相连接，然后将网络的每条边以概率 p 重新随机连线，边的一个端点不变，顺时针方向把另一端改接到环上随机选取的一点，不允许自连接和重边。这样，通过改变 p 的值，可以得到介于规则网络($p=0$)和随机网络($p=1$)之间的各种网络。小世界网络具有如下结构特征：①平均路径长度短；②集群系数高；③度分布近似于 Poisson 分布，也具有轻尾部特征。因此，小世界网络中不存在具有大量连接边的中枢点，虽然它并不能由规则网络或随机网络产生，但与实际网络的重尾分布存在本质的差异。

（4）无标度网络。

随着计算机科学的发展，大规模的计算成为可能，网络的研究方法也发生了根本性的改变：从对含点数少的小型图以及图中个体点或边的属性分析转变为对大量点边的大规模图形的统计属性进行研究。1998年，Barabási 和 Albert 等描绘万维网的项目时，原以为会发现一个随机网络，然而实证研究推翻了这个预测。他们设计了一个软件，可从一个网页跳转到另一个，尽可能地收集网上的所有连接，这个虚拟机器人组合出来的图景反映了令人惊异的事实：万维网是由少数高连接性的页面串联起来的。80%以上页面的连接数不到 4 个，然而只占节点总数不到万分之一的极少数点，却有 1000 个以上的连接。于是，Albert、Jeong 和 Barabási 等 1999 年在 *Science* 上发表了开创性的文章，指出万维网具有重尾特征的度分布，提出了无标度网络的概念和演化模型。度分布具有幂律尾部的网络称为无标度网络。Albert 和 Barabási 通过观察发现网络存在两个重要的演化原理，即增长性和择优连接，提出了 BA 模型。该模型与以往的模型相比有了根本性的改变，网络中的点不再是固定不变的，而是不断地择优增长，而且对于从客观世界观察到稳定的幂律分布，增长和择优连接缺一不可。演化算法如下：

1）增长：开始于少数几个节点(m_0 个)，每个时间间隔增加一个新节点，连接到 $m(\leqslant m_0)$个不同的已有节点上。

2）择优连接：在选择新节点的连接点时，假设新节点连接到旧节点 i 的概率 π 正比于旧节点 i 的度数 k_i，即 $\pi(k_i)=k_i/\sum jk_j$。经过 t 步时间后，BA 模型演化成一个具有 $N=m_0+t$ 个节点和 m_t 条边的网络。

经过模拟和理论分析，BA 网络的特性如下：

1）BA 网络具有幂律度分布：$P(k)\approx 2m\ 2k-3$，$k\geqslant m$，因此该系统自组织成一个平衡的无标度状态。BA 模型是第一个成功再现无标度性质的网络演化模型。

2）平均路径长度短，集群系数偏小。

3）存在中枢点与富者愈富的现象：网络中存在极少数具有大量连接边的节点，而绝大部分节点的边数都较少。同时，边数越多的节点越容易得到新的连接。

4）强韧性和脆弱性。无标度网络对意外故障具有强韧性，随机去除的都是不重要的节点，它们数目比中枢点多，但拥有少量的连接，因此去除它们不会对网络拓扑结构产生重大的影响。模拟结果表明：只要去除少数几个主要的中枢点，就可导致因特网溃散成孤立无援的小群路由器。

2.3　科研合作的历史演进

知识是人类智慧的结晶，是人类在实践中认识客观世界的成果，其包含知识内容、语言和载体三个要素。其中知识的载体是知识存在的物质基础，是记录知识的物质材料，如纸张、胶片、磁带和磁盘等，各种载体之间存在相对稳定的关系，一种新载体产生后并不会马上取代原有的旧载体，新旧载体仍然可以长时间地并存。科研合作的内涵在于科研主体间所掌握知识的融合与创新，基于知识载体的重要性，本部分从知识载体的角度介绍科研合作的历史演进情况。

2.3.1　科研合作的萌芽时期

科学研究作为人类的一项认识和实践活动，随着人类社会的发展而持续发展，在不同的历史阶段呈现出不同的时代特征。从广义的科学研究定义来看，人类出现伊始就存在科学研究，研究内容通过远古人类口耳授受、结绳刻木、画符记事等载体形式进行外化和固化。

从广义的科研合作定义来看，科研合作伴随着科学研究活动而存在。人类之所以可以进行科研合作和知识交流，得益于符号的创造和应用。人类创造的文明和各种知识，可以利用符号进行交流、共享，可以借助于符号世代积累相传。

语言是人类进行沟通交流的表达方式，语言在人类生产、生活中不可缺少。许多动物也能够发出声音来表达自己的感情或者在群体中传递信息，但是这都只是一些固定的程式，只有人类才会把无意义的语音按照各种方式组合起来，使其成为有意义的语言单位。人类的实际语言运用比书面语言的出现早了数万年，生物学和进化科学表明，人类使用语言的能力与所有其他动物有着根本的区别。在社会生产力水平较为低下的原始社会初期，人类生产、生活过程中的交流靠语言、表情、手势等自然方式表达，不同人之间的表达方式和理解方式不同，没有形成固定统一的语言，人类依靠最原始的知识交流方式进行科研合作，这个阶段称为科研合作的萌芽时期。

2.3.2 科研合作的发展时期

随着社会生产力发展水平不断提高，人类的认知水平有了较大提升，原始的交流方式已经无法满足人类社会的需求，需要新的交流方式来辅助。大约五千年前，文字的出现突破了传统交流形式的禁锢，开始了人们交流的社会化过程。

这一时期相继出现了多种文献载体。契刻在龟甲和兽骨上的文字为甲骨文书，这些龟甲和兽骨多用于占卜，少数甲骨上还有历史事件的简单记载。青铜器铭文指铸造于青铜器上的文字，称为“铭文”“金文”，铭文有长有短，最初只铸造器具所有者名字，后来铸造文件、记载事件，文字也不断加长，如毛公鼎的铭文多达四五百字。“石片”书是指在石料上、石质器物、玉质器物上刻写文字，制作书籍。这些甲骨文、铭文、石经的内容和形式都具备了书籍的某些内涵和特征，因此都被视为中国书籍的初期形态。

造纸术是中国四大发明之一，出现于西汉时期，改进于东汉时期。公元 105 年，东汉蔡伦用树皮、麻头及敝布、鱼网等原料，采用挫、捣、炒、烘等工艺改进了造纸术。至此纸张广泛流传，普遍为人们所使用。纸质载体的出现使知识记录的速度、存储的密度、传递的范围得到了显著提高，在很大程度上促进了知识共享与科研合作，这个阶段称为科研合作的发展时期。

2.3.3　科研合作的繁荣时期

造纸术和印刷术的发明应用，在很大程度上促进了以纸张为载体的文献的普及推广。大约在唐朝时期，我国相继出现了拓石和雕版印刷术，特别是北宋庆历年间（1041—1048 年），以毕昇所发明的胶泥活字为代表的印刷术出现以后，又相继出现了木活字、铜活字以及西洋传入的铅活字印刷术。印刷术的发明和推广使用不仅大大加快了文献的生产，而且开创了文献生产由手工作业转为机械化、工业化的新纪元，同时促进了知识交流与科研合作[93]。

20 世纪中期以来，世界各国文献呈数量庞大、增长迅速的发展态势。由于文献信息量呈几何级数增长，文献存储空间有限与文献信息无限增长的矛盾日益尖锐，特别是纸质文献载体的时空局限性严重阻碍了文献信息的快速传递和资源共享。为了满足人们对文献信息高效率的需求，缩微胶卷、缩微平片、磁带、磁盘、光盘等新型文献载体相继出现。虽然电子文献不像纸质文献那样实实在在、具体可见，但可利用一定的工具通过图表、绘画、声音、静态图像、动态图像等形式展现它丰富的内容，特别是对生活原形的再现，比纸质文献的真实感和代入感更强。

近代以来，随着科学研究活动的不断深入，科学工作者的分工越来越细，而科学研究的项目则呈现出综合性特征，这就要求科学工作者联合起来，共同完成一项复杂的任务。文献记录手段和载体形式的变化在很大程度上促进了知识资源的存储、交流与共享，从而拓展了科研合作的广度与深度。另外，道路交通、社会环境的改善，也在很大程度上促进了科学家、学者之间的知识交流与科研合作。

2.3.4　科研合作的网络时期

网络文献是电子文献的延伸，它在存储量、存取速率、检索性能等方面相对于电子文献是一次飞跃。网络文献的出版具有流程少、速度快、零库存的特点，只要有网络存在，读者就可以突破时间和地理位置的限制，随时随地利用文献信息，这是文献形态的一次质的飞跃。随着文献阅读设备和软件的不断优化升级，网络文献凭借其自身的优势，普及率逐步提高。

网络载体的迅速发展打破了原有的科学知识交流载体结构之间的平衡，因此，必须对新兴的网络载体与传统的纸质载体在科学信息交流体系中进行结构与功能的整合，对不同的信息交流载体进行新的功能定位[94]。目前，在网络环境下，文献资源不拘泥于时空的限制，只要借助一定的工具就能随时随地再现文献的各种形态，并且其搜索文献的能力和速度都是纸质载体所无法比拟的。

纸质载体在一定时期内不可能被完全淘汰，但随着科学技术的发展，人们对科学信息需求日趋综合化、社会化、网络化、集成化、高效化，纸质载体在科学信息交流中的主流载体地位将逐渐被新兴的网络载体所替代，二者在为用户提供科学信息服务的过程中相互补充、相互兼容，以纸质为载体的知识交流方式仍会长期存在，但以网络为载体的知识交流方式将成为主流。

以信息技术手段为载体的新型知识交流方式具有传统知识交流方式

无法比拟的优势，但是作为一种技术手段，它本身还存在不足之处，还需要随着科技的进步不断完善。传统的知识交流方式与互联网时代的知识交流方式并不是对立的，而是互相交融、互相补充的，它们都是推动知识交流发展的重要手段，而且互联网会逐步成为知识交流的主渠道。随着现代信息技术的发展，信息交流的速度越来越快、质量越来越高，信息内容和形式越来越丰富，多种新型科研合作模式也随着人们需求的变化不断出现。在未来，科研合作可能会整合为一个巨大的数字化知识资源共享系统，形成一个由全球科学家组成的不受时空限制的科研合作共同体，成为共享知识资源、协调工作的全球创新协同信息网络体系。

第3章

研究理论基础

本书的主要内容是基于学术偏好的科研合作网络动态演化研究。作为交叉性的研究内容，不同学科领域对相关理论的理解有所偏差。本章作为理论铺垫章节，主要对相关理论进行梳理并结合本书内容进行分析，为后文的研究起到理论指导作用。本章主要阐述偏好理论、科研合作网络、网络动态演化等几方面内容。

3.1 偏好理论

学术偏好作为科研人员研究兴趣的综合表达，在网络演化过程中主要通过将学术偏好映射为网络的演化规则约束网络演化过程。本节首先对偏好的内涵、偏好的形成、偏好的特征、偏好信息的提取、偏好模型的表示等内容进行简要介绍，然后引入学术偏好并对学术偏好的基本理论进行介绍。

3.1.1 偏好简述

（1）偏好的内涵。

任何领域的个人和组织都要经常面对各种选择，选择过程就是选择主体根据其偏好做出的倾向性表达，因此很多领域都对偏好理论展开了研究。偏好在很长一段时间内都是哲学领域的研究热点，哲学领域所研究的偏好基本上是建立在认知主体充分理性的基础上的，Aristotle 从哲学角度将偏好定义为主体在比较两者现象或状态相互之间关系时所表现出的倾向性[95]。作为西方经济学价值理论的一个核心概念，偏好是指消费者按照自己的意愿对可供选择的商品组合进行的排列，经济学中的偏好源于效用理论，经过两次替代过程，偏好已成为效用的代名词[96]。有史以来人类社会就以“群居”的组织形式自发存在，群居对象的选择、群居地点的选择都受偏好因素的影响，因此无论从行为学视角还是伦理学视角，利用偏好理论解释贯穿人类社会和社会性动物社会历史的秩序—合作，都具有重大的意义。基于这一理念，本书将偏好理论引入具体的科研合作研究中，力求通过对科研人员在科研合作过程中偏好信息的整合掌握科研合作的规律。

（2）偏好的特征。

偏好作为人们心理世界的一种情感倾向，有着很多共性特征。

1）偏好的个体性与群体性。个体性是指偏好主体选择偏好客体时的差异性，由于用户需求的差异性，且不同主体所处的外部环境不同、考虑的出发点和侧重点不同，因此会表现出较强的个体性差异；但是从宏观角度来看，群体是个体的集合，个体是群体的具体要素，因此，这种个体性差异存在于群体的共性之中，利用这种个体性与群体性之间的辩证关系进行聚类分析，也是利用偏好理论进行协同过滤推荐的理论基础之一。

2）偏好的静态性与动态性。偏好的静态性是指用户的偏好在一定时间范围内可能处于一个相对稳定的状态，但实际上偏好在很多情况下并非一成不变，随着用户需求的变化和用户所处内外部环境的变化，用户偏好可能会发生转移甚至出现偏好逆转。偏好的静态性与动态性是一种可以相互转化的辩证统一关系，当用户偏好发生转移时偏好由静态偏好转化为动态偏好，当用户新的偏好达到稳定状态后动态偏好又转化为静态偏好。

3）偏好的层次性与多样性。偏好是具有层次性的，一般将其分为内层偏好和外层偏好两层，内层偏好相对稳定，外层偏好变动频繁，也可以将其分为表层偏好、中层偏好和深层偏好。从偏好类型的角度来看，偏好具有多样性，例如风险偏好、歧视偏好、消费者偏好、投资偏好等。偏好类型的多样化也是偏好理论能够被很多领域广泛研究和应用的基础。

4）偏好的可度量性与规律性。前文所述偏好的个体性还表现在偏好主体对客体偏好程度的差异，这种差异是通过对偏好程度的衡量得出的，一般通过对相关要素设置权值的方式进行度量。规律是客观存在的，偏好的转移、稳定过程也存在一定的规律，可通过对大规模样本案例的分析掌握用户偏好为何转移及如何转移的规律，进而采取相应措施引导用户偏好行为。

（3）偏好的形成。

偏好作为用户个体倾向性的主观意识，可以通过信息进行具体的表述。

人的信息需求可以归纳为社会中的信息需求、生活中的信息需求和职业中的信息需求[97]，将其拓展到用户偏好的形成原因方面，用户偏好的产生也相应体现在生活、职业和社会化三个方面。另外，也可以从系统论的角度进行理解，社会化偏好是由外部环境引起的，生活和职业偏好是用户内部自身因素引起的。

1）外部环境因素。从社会环境的角度来看，人属于社会中的人，与外部社会或多或少地产生信息、能量的交互，不可能独立于外部环境存在。从复杂网络的角度来看，人是社会网络中的节点，根据个体偏好确定与网络集合中的哪些节点建立连接关系、建立多大强度的连接关系，因此可以通过网络来表达用户偏好。另外，人所处的外部环境的长期作用，会对其人生观、世界观、价值观产生一定程度的影响，从而影响用户偏好，例如“人云亦云”“兔死狐悲”都能体现出外部环境对个体的影响，特别是一些主观意志不强的人更容易受到外部环境的影响。

2）内部因素。概括而言，人生就是生活与工作的集合，因此可以分别从人的自身生活角度和职业角度阐释偏好产生的原因。从人的自身生活角度来看，人作为独立的个体，有其独特的精神生活领域、意识状态领域和心理状态领域[98]，这些因素都会影响偏好的形成从而使不同人的偏好具有一定的差异性；从人的职业角度来看，为了更好地完成工作任务和提高工作技能，在工作过程中需要通过培训和不断的自我学习优化自身知识结构，在长期的实践过程中会形成职业习惯和职业偏好，例如在购买商品时从事银行工作和会计职业的人对价格比较敏感，从事高收入水平职业的人更加看重商品的质量和包装。综合而言，生活中和工作中的内部因素都会通过影响相关因素在人心目中的重要性程度影响人的偏好。

（4）偏好信息的提取。

获取有效的用户偏好信息是偏好提取的目标，其目的是为构建偏好模型提供数据支撑，对用户偏好信息提取的研究主要包括两个方面：偏好提取的内容和偏好提取的方式[99]。

1）从提取内容来看，用户偏好信息分为长期偏好信息和短期偏好信息。长期偏好信息通常为年龄、性别、学历、专业等用户个人基本信息[100]，在系统平台注册过程中一般会要求用户提交这类基本信息，这种基于用户自然属性和社会属性影响的用户偏好在较长的时间范围内是保持稳定的，此类偏好信息也是系统在没有获取用户行为偏好信息之前进行偏好推理的主要依据，也可以用于解决数据稀疏性和冷启动的问题。短期偏好信息主要为用户的行为踪迹信息和质量反馈信息[101]，这类偏好信息只能代表用户在一定时间或一定情境条件下的临时性偏好需求。行为踪迹信息主要为用户在系统中的操作记录，如用户在系统中访问的内容、访问时间的长短等一些与长期偏好信息存在差异的临时偏好信息；质量反馈信息主要是用户在购买商品或接受服务后的一些评价信息，如通过非常满意、满意、不满意等程度副词表示用户的偏好程度。

2）从提取方式来看，包括显性方式、隐性方式和推理方式[102]。显性方式需要用户配合提交年龄、性别等用户长期偏好信息，主要利用 HTML 表单的方式提取用户偏好信息，对提取到的信息进行预处理后构建用户偏好模型，这类方式虽然简单易行，但是可能会引起用户的排斥或者用户会提交虚假偏好信息，在这种情况下反而会因为模型构建错误而影响对用户偏好的准确识别。与显性方式相比，隐性方式和推理方式不需要用户主动参与，隐性方式的数据主要来源于系统日志、Cookie、书签等用户历史行为记录，这类数据中含有大量的冗余信息，在利用过程中要对获取的原始数据进行清洗，抽取出一些能够较大程度指示用户偏好的信息用于用户的偏好模型构建；推理是一个逻辑学名词，有直接推理和间接推理两种方式，对偏好信息的推理主要是基于大数据分析理论与方法，通过对用户的现有偏好信息进行深层次挖掘得到新的数据，这类数据也能从其他角度指示用户的偏好，如聚类分析、协同过滤推荐等方式。偏好信息提取过程中一般将这三种提取方式结合起来使用，即在用户应用系统初期，强制或者采取鼓励措施使用户能够提交真实的个人基本信息，利用这些信息建立用户初始化偏好模型，然后持续收集用户在系统中的行为记录和反馈信息，并根据这些信息更新用户偏好模型。

（5）偏好模型的表示。

提取用户偏好信息后，选择偏好模型的具体表示方法。通过对相关文献的整理分析，常见的偏好模型表示方法主要有关键词列表表示法、分类表示法、向量空间模型表示法。

1）关键词列表表示法。即通过抽取若干个用户偏好信息的关键词，记录用户偏好特征的一种偏好模型表示方法。关键词可以人为设定，也可以通过机器学习训练样本的方法得到一个特征集合。例如用户对足球感兴趣，则可以通过描述文件{中超，亚冠，足球，梅西}描述其偏好。此外，由于关键词是没有经过规范化处理的自然语言，不同用户由于知识结构的差异可能采用不同的关键词对同一偏好进行表述，这种偏差可能导致无法有效确定关键词之间的关系。

2）分类表示法。指通过将用户的偏好信息进行主题归类表示用户偏好模型的方法，这种方法应用过程中往往需要与具体的领域相结合。例如现在很多新闻网站为用户提供个性化内容推荐，网站按照领域将新闻内容分为经济、体育、汽车、互联网等多个板块，用户在使用过程中可以根据自己的偏好选择感兴趣的内容或者不感兴趣的内容，在以后使用过程中系统就会根据用户的偏好模型主动推送用户可能感兴趣的内容。该方法只适合在数字内容资源库构建中使用，主要应用于集成式数字出版平台[103]。

3）向量空间模型表示法。向量空间模型（Vector Space Model，VSM）由 Salton 等于 20 世纪 70 年代提出，是指用向量空间中的向量描述用户的偏好特征，把对文本内容的处理简化为向量空间中的向量运算，基于向量空间模型的普适性，将其应用到偏好模型。其基本思想是以向量表示用户，向量的每一维由一个关键词及其权重组成[104]。向量空间模型原理是将每篇文献与用户检索式用一个向量来表示，检索时根据向量之间的夹角余弦求出它们的相似度，以度量文献与检索式的相似程度[105]。在向量空间模型中，当两个向量完全相同时，它们在该空间中相互重叠，夹角为0，其相似度达到最大值[106]。这种模型表示方法能够准确地分析用户多个维度偏好之间的相互关系，比较适合构建较为复杂的偏好模型，但该方法不适合没有用户丰富偏好信息的偏好模型构建。

3.1.2　学术偏好简述

（1）学术偏好的内涵。

科研人员学术偏好是科研人员在选择合作对象或者获取知识资源时基于认知、心理感受、客观需要等进行的具有倾向性的选择，这种选择是建立在理性的基础上的，一般通过对科研人员个人基本信息、知识结构、知识水平等数据的整合，分析科研人员的科研活动特征、挖掘科研人员的知识需求，建立科研人员学术偏好感知模型。利用科研人员学术偏好模型能够有效识别科研人员的学术偏好，进而可以利用内容过滤或协同过滤推荐算法为科研人员推荐有共同研究方向、知识结构互补的科研合作对象。

（2）学术偏好提取。

提取科研人员学术偏好信息是构建科研人员学术偏好模型的前提和基础。从提取内容来看，科研人员学术偏好信息分为长期偏好信息和短期偏好信息，前者为学历、专业、研究领域、研究方向等科研人员的基本信息，科研人员的此类与其专业背景密切相关的学术偏好信息在较长时间内是稳定的；后者为科研人员所表现出的与长期偏好信息不一致的临时性偏好信息。从提取方式来看包括显性方式、隐性方式和推理方式，显性方式需要科研人员配合提交相关学术偏好信息，如科研人员姓名、所属机构等基本信息和质量评价反馈信息；隐性方式通过分析科研人员在系统中的检索内容、下载内容等科研人员历史行为记录，提取科研人员动态学术偏好信息，当然，对科研人员基本信息的收集也可以隐性方式获取，因为知识资源库中文献资源都有规范的格式要求，文献的作者、作者单位等外部特征和分类号等内部特征是必须存在的，因此在将文献收录到知识资源库时即可将相应的作者的基本信息收录到科研专家库中；推理方式通过对已获取的科研人员偏好信息的加工处理，获取新的能够反映科研人员学术偏好的信息，如聚类分析、协同过滤推荐等方式。在综合考虑科研人员学术偏好内容及其提取方式的基础上，科研人员学术偏好综合感知模型主要从以下三个方面提取科研人员学术偏好信息：

1）基于情境感知的学术偏好提取。

基于情境感知的科研人员学术偏好需求主要受到基本信息情境、社会网络情境等外部情境因素的影响[107]。本部分在处理过程中首先识别并提取科研人员情境信息，并通过“形式统一”和“语义统一”两个层面的处理对原始情境信息进行清洗、去噪[108]；其次，采用经过规范化处理的主题词表示单一情境因素的特征项，并利用权值衡量特征项在情境因素中的重要程度；再次，设置有效情境检验阈值并构建函数关系式，筛选对用户偏好有显著影响的“有效情境因素”，通过分析各情境因素的影响因子，提取单一情境因素的用户偏好；最后，结合单一情境因素的影响因子计算多情境科研人员学术偏好，最终提取基于情境感知的科研人员学术综合偏好信息。

定义1(情境感知概念集)：通过引入基本信息情境和社会网络情境，构建基于情境感知的科研人员学术偏好矩阵UPC，$ubhc_{ijkq}$表示单一情境环境下科研人员历史行为变量，通过有效情境因素检验阈值$D_{threshold}$，筛选对科研人员学术偏好影响较大的有效情境因素集合$(C_{valid})_{ij}$。

定义2(有效情境因素筛选)：通过计算科研人员 U_i 在某一情境因素 C_k 的影响下对学术资源推荐服务 S_j 的科研人员行为变量方差 D_{ijk}，分析科研人员学术偏好受该情境因素影响程度的浮动范围。通过比较 D_{ijk} 与阈值 $D_{threshold}$ 的大小，判断科研人员 U_i 对学术资源推荐服务 S_j 的偏好是否受情境因素 C_k 的显著影响，如果 $D_{ijk} \geqslant D_{threshold}$，则 C_k 为 U_i 对服务 S_j 偏好的有效情境因素，并通过影响因子 η_{ijk} 表示科研人员 U_i 对学术资源推荐服务 S_j 受某一情境因素 C_k 的影响程度；否则视 C_k 为无效情境因素。相关公式[109]如下：

$$(C_{valid})_{ij} = C_k \mid D_{ijk} \geqslant D_{threshold} \tag{3.1}$$

$$D_{ijk} = \sum_{q=1}^{Z_k} \{[(ubhc_{ijk_q} - E_{ijk_q})^2] \times P_{kq}\} \tag{3.2}$$

$$E_{ijk_q} = \sum_{q=1}^{Z_k} [(ubhc_{ijk_q}) \times P_{kq}] \tag{3.3}$$

$$\eta_{ijk} = \begin{cases} \dfrac{D_{ijk}}{\sum_{k=1}^{L'} D_{ijk}}, & C_k \in (C_{valid})_{ij} \\ 0, & C_k \notin (C_{valid})_{ij} \end{cases} \tag{3.4}$$

其中，E_{ijk} 表示科研人员 U_i 在情境因素 C_k 的影响下对学术资源推荐服务 S_j 的行为期望值，P_{kq} 表示科研人员 U_i 与服务 S_j 的交互行为发生在具体情境因素 C_k 中的概率，$L' \leqslant L$ 表示有效情境因素的数量。

定义3(计算单一情境科研人员学术偏好)：以单一情境科研人员历史行为变量 $ubhc_{ijk_q}$ 为源数据，通过 K-Means 方法计算单一情境用户偏好 $(up_c)_{ijkq}$。

$$(up_c)_{ijkq} = f_{kMeans}(ubhc_{ijkq}), \quad ubpc_{ijkq} \neq 0 \tag{3.5}$$

定义4(计算基于情境感知的科研人员偏好)：利用影响因子 η_{ijk} 计算基本信息情境和社会网络情境下的基于情境感知的用户偏好 $(up_c)_{ijt}$。

$$(up_c)_{ijt} = \sum_{K=1}^{L} [\eta_{ijk} \times (up_c)_{ijkq}] \tag{3.6}$$

2）基于认知心理学的学术偏好提取。

科研人员学术偏好需求不仅受外部情境因素的影响，也受到科研人员自身个体认知水平、认知能力、认知意愿的影响，因此需要将科研人员操作行为与科研人员对学术资源推荐服务的认知结合考虑。本部分将认知心理学领域的“加工水平模型”引入科研人员学术偏好提取过程。首先，获取科研人员对学术资源推荐服务中单项服务的认知处理时间和认知次数，并通过衡量科研人员对此服务的加工深度判断其认知水平；其次，设定每种服务的认知阈值，判断科研人员对服务的加工深度是否达到语义水平层次，超过阈值则引入语义水平认知影响因子，否则不引入，最终获取基于认知心理学的用户综合偏好信息。

定义5（认知心理学感知概念集）：通过引入加工水平模型，构建基于认知心理学的科研人员偏好矩阵 UP_{LP}，LP_{ij}表示科研人员 U_i 对服务 S_j 的加工深度，SC_{ij}表示科研人员 U_i 对服务 S_j 的认知水平达到稳定状态所需的认知次数，td_{ij}表示科研人员 U_i 对服务 S_j 的单次认知服务处理时间，to_{ij}表示科研人员 U_i 对服务 S_j 的两次认知服务行为间的时间间隔，$LP_{threshold}$表示科研人员对服务的认知水平达到语义水平的阈值。LP_{ij}与 td_{ij}呈正相关关系，与 to_{ij}呈负相关关系。

$$LP_{ij} = \frac{\sum_{u=1}^{SC_{ij}} (td_{ij})u}{\sum_{u=1}^{SC_{ij}-1} (to_{ij})u} \tag{3.7}$$

定义6（有效认知因素筛选）：通过最大类间方差法计算单项服务的语义水平认知阈值 $LP_{threshold}$，并将其与 LP_{ij}进行比较分析。通过比较 LP_{ij}与阈值 $LP_{threshold}$的大小，判断用户 U_i 对服务 S_j 的认知深度是否达到语义水平，如果 $LP_{ij} \geqslant LP_{threshold}$，则科研人员 U_i 对服务 S_j 具有显著性语义认知偏好，并根据具体值设置影响因子 ρ；否则为无效认知服务。

定义 7(计算基于认知心理学的科研人员学术偏好)：以科研人员有效认知因素为源数据，计算基于认知心理学的科研人员学术偏好 $(UP_{LP})_{ij}$[110]。

$$(UP_{LP})_{ij}=\begin{cases}\dfrac{[p\cdot LP_{ij}-\min(LP_{ij})]\cdot(b-a)}{p\cdot\max(LP_{ij})-\min(LP_{ij})}+a,\ \text{if } LP_{ij}\geqslant(LP_{threshold})_j\\ \dfrac{[LP_{ij}-\min(LP_{ij})]\cdot(b-a)}{\max(LP_{ij})-\min(LP_{ij})}+a,\ \text{if } 0<LP_{ij}<(LP_{threshold})_j\\ 0,\ \text{if } LP_{ij}=0\end{cases}\tag{3.8}$$

3）基于服务质量反馈的学术偏好提取。

由于受到客观因素和科研人员主观因素的影响，用户在接受学术资源推荐服务时所需的资源质量往往不是最优的，而是最适合自己偏好需求的相对最优质量。首先，通过层次分析法和模糊集合理论确认学术资源推荐服务质量的评价因素集合，并按照统计的评分制对每种评价因素设定评分标准；其次，对照评分标准对服务的各项指标进行打分，将不同量纲的指标值转化为统一量纲的标准值，并据此建立模糊评价矩阵；最后，利用评价因素的权重将其转换为综合评价矩阵。

定义 8(服务质量感知概念集)：构建基于服务质量感知的科研人员偏好矩阵 UP_Q，$Q=\{q_1, q_2, \cdots, q_n\}$ 表示服务质量评价因素集合；$S=\{s_1, s_2, \cdots, s_m\}$ 表示为科研人员提供的服务集合；$V=\{v_1, v_2, \cdots, v_n\}$ 表示对评价因素进行的评语集合，可以采用四级或五级评分制。

定义 9(序关系向量)：科研人员根据自身需求对服务的各方面评价因素进行排序，表明科研人员对服务不同评价因素的需求程度。$V'=(V'_1, V'_2, \cdots, V'_n)$，$V'_j$表示科研人员对服务质量评价因素的 V'_j的评价偏好，其中 $j\in(1, n)$。代表科研人员对各个因素偏好的先后次序，且偏好程度与偏好次序呈负相关关系。

定义 10(模糊评价矩阵)：通过对服务的评价因素集合进行比较，利用由因素集 S 到评判集 V 的模糊映射构建模糊评价矩阵 R，元素 r_{ij} 表示从第 i 个元素着眼对某一对象做出第 j 种评语的可能程度，并结合评价因素的权重对模糊评价矩阵进行模糊变换。通过求和值方式进行归一化处理，按隶属原则识别科研人员服务质量偏好。

4）多维学术偏好融合。

本部分在综合考虑前文所述三方面因素的基础上，通过加权融合方法提取多维视角下的科研人员学术偏好 $UP_{ijt'}$，其中 $\alpha \in [0, 1]$，$\beta \in [0, 1]$，$\theta \in [0, 1]$，且 $\alpha+\beta+\theta=1$。α，β，θ 表示科研人员偏好受不同因素影响的程度。

$$UP_{ijt'}=\alpha(UP_c)_{ijt'}+\beta(UP_{LP})_{ijt'}+\theta(UP_Q)_{ijt'} \tag{3.9}$$

（3）学术偏好模型的表示。

科研人员学术偏好模型的正确表示有助于客观真实地挖掘科研人员学术偏好信息，能够提高科研人员在获取学术资源时的质量和效率，进而为科研创新提供智力保障。目前关于偏好模型表示方法主要有主题表示法、分类表示法、向量空间模型表示法，基于向量空间模型表示方法的广泛适用性、学术资源标识的文本特性，本书将科研人员多维偏好需求概括为科研人员不同的偏好主题，通过层次向量空间模型以“科研人员—学术偏好类别—特征项”的三层树状结构表示用户偏好模型。如图 3.1 所示，第一层表示科研人员，第二层表示用户的偏好主题，第三层表示能够展示科研人员学术偏好主题的特征项词条，其中一个主题可以通过多个主题特征项表示，同一特征项也可以出现在不同的偏好主题中。

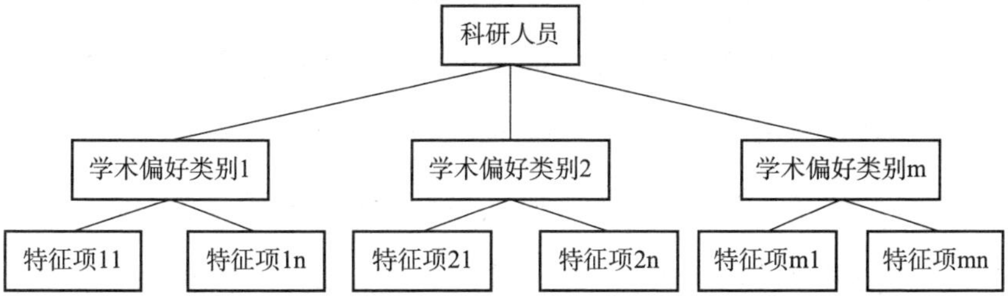

图 3.1　基于层次向量空间的科研人员学术偏好模型

标识科研人员学术偏好主题的特征项较多，且不同特征项之间的重要程度有所差异，因此在构建科研人员学术偏好模型的过程中不需要对科研人员的所有学术偏好信息都进行考虑，通过阈值或百分比等方式筛选最能反映科研人员学术偏好的 m 个主要偏好主题即可。科研人员学术偏好模型可以表示为如下特征向量[112]：

$$\text{Model} = \{(C_1, W_1, Q_1, T_1), (C_2, W_2, Q_2, T_2), \cdots, (C_m, W_m, Q_m, T_m)\}$$

其中(C_i, W_i, Q_i, T_i)定义为科研人员学术偏好信息结构四元组，C_i 是科研人员第 i 个偏好主题特征向量；W_i 是偏好主题 C_i 的权重，用于衡量 C_i 在科研人员 m 个偏好主题中的重要程度；Q_i 是科研人员第 i 个偏好主题包含的所有学术资源库中知识资源的文档样本数量，T_i 是偏好主题 C_i 特征项关键词列表。

$$W_i = I(p_1)I(p_2), \cdots, I(p_i)$$

其中 $I(p_k)(k \in [1, i])$表示科研人员对学术资源库中知识资源 p_k 的偏好程度。

偏好主题 C_i 中的关键词特征集 t_i 表示为：$\{(k_{i1}, w_{i1}), (k_{i2}, w_{i2}), \cdots, (k_{im}, w_{im})\}$，其中$(k_{ij}, w_{ij})$表示 C_i 主题中的第 j 个特征项关键词，k_{ij}为关键词，w_{ij}为关键词 k_{ij}在 C_i 中的权重。

（4）学术偏好模型的更新。

科研人员学术偏好在一定时间范围内可以保持稳定，但是外部学术环境的变化或者科研人员研究方向的转移可能使得科研人员的学术偏好出现转移甚至逆转，因此及时感知科研人员的最新学术偏好是为科研人员提供个性化学术资源的必要环节。该环节主要对科研人员学术偏好初始化模型进行更新。通过获取科研人员行为记录和科研人员对学术资源推荐效果的服务质量反馈等数据，更新科研人员学术偏好向量空间模型，科研人员学术偏好特征项的权重和更新时间算法[113]如下：

1）从初始化科研人员学术偏好模型中提取科研人员学术偏好特征项集合 $K=\{K_1, K_2, \cdots, K_m\}$，能够反映科研人员最新偏好的新特征项集合为 $q=\{(q_1, \Delta w_1), (q_2, \Delta w_2), \cdots, (q_n, \Delta w_n)\}$，$\Delta w_i$ 为特征项 q_i 的权重。

2）从新特征项集合 q 中抽取特征项 $q_i(1\leqslant i\leqslant n)$。

3）若 $q_i\in$ 集合 K，则转向 4），否则将特征项 $(q_i, \Delta w_i)$ 加入科研人员学术偏好特征项集合 K 中，更新科研人员学术偏好模型。

4）若 $q_i=k_m$，则新的特征项权重 W' 为：

$$W'=\frac{\delta}{\delta(t-t_i)}w(t)+\Delta w_i \tag{3.10}$$

其中，W' 为更新后的特征项新的权重值，δ 为调整系数，t 为当前系统时间，t_i 为上一次系统更新的时间，$w(t)$ 为 t_i 时刻特征项的权重，循环执行上述过程对所有特征项进行检测。

5）将更新后特征项的权重 w 通过阈值或百分比方式进行比较，通过引入新的特征项或者去除不明显的特征项完成特征项集合的更新。

3.2 科研合作网络

科研合作能够提高科研产出的质量和数量[114]，复杂网络分析为研究科研合作现象提供了新的视角，根据科研合作网络中的节点属性，本书将科研合作网络分为作者合作单层网络和基于作者、机构、关键词的学术共同体多层网络两种类型。

3.2.1 作者合作网络

(1) 作者合作关系。

作者为学术论文的主要责任主体。作者合作关系是指作者之间在论文写作过程中为了一致的目标进行相互协作的关系。根据作者之间是否存在合作关系又可以将其细分为直接合作关系和潜在合作关系。直接合作又称为显性合作，是指作者间共同完成学术论文的写作且共同署名一篇学术论文的科研人员间的关系，一般所说的作者合作即是这种直接合作；潜在合作也称隐性合作，是指作者间虽然没有进行直接合作，但是由于其在研究方向、研究内容等方面的相似性，在未来的论文写作过程中存在合作的可能性。根据作者间合作关系的紧密程度又可以将其分为强合作关系和弱合作关系。

(2) 作者合作网络的拓扑结构。

“拓扑”是来源于几何学的一个概念，复杂网络拓扑指复杂网络的形状，或者是其在物理结构上的连通性，将复杂网络理论应用于科研合作现象，可以通过网络拓扑结构直观展示科研合作的网络形式，因此了解网络的拓扑结构很有必要。一般而言，网络有星形拓扑、环形拓扑、树形拓扑、网形拓扑、混合形拓扑、总线形拓扑，考虑到与科研合作现象的可结合性，本部分主要对前四种网络拓扑类型进行介绍。

1）星形拓扑。星形拓扑网络中的节点可以分为中央节点和外部节点，且只有一个中央节点，中央节点与所有外部节点都有连接关系，但是外部节点相互间都没有连接关系，任何两个外部节点间的最短路径长度都为2，且必须经由中央节点建立连接关系。在科研合作现象中可以将其解释为存在多篇由两个科研人员合作的科研论文，且这些论文中都有一个共同的作者，这种拓扑结构网络在理论上是可行的，但是在现实中的科研合作网络中是很少存在的。

2）环形拓扑。环形拓扑是指节点与节点之间的连接形成一个闭合网络，网络中的每个节点都与另外两个节点存在连接关系，节点在网络中的地位和作用都是一样的，不存在地位和重要性的差别。在科研合作现象中可以将其解释为存在多篇由两个科研人员合作的论文，不能有两个以上的科研合作者，否则一篇论文形成的网络中就会有三条以上的连接关系，不属于环形拓扑，而且这些论文中一个作者最多与两个不同的科研人员进行合作，这种网络拓扑结构在现实中的科研合作网络中是基本不存在的。

3）树形拓扑。树形拓扑可以理解为总线形拓扑和星形拓扑的扩展，形状像一个倒置的树，著作的目录结构即为这种形式，顶端节点是树根，其可以通过连接多个节点建立分支，分支节点还可以继续连接节点建立子分支，但是不同分支的节点间不能进行连接。在现实的科研活动中比较接近于师门内部导师与其所带学生间的合作和学生成长为导师后再与自己学生之间的合作现象，但是作为一个学术团队，师门内部不同学生间必然也会存在或多或少的合作关系，因此这种网络拓扑结构也只能停留在理论层面。

4）网形拓扑。网形拓扑中的节点间有多条路径连接，这种拓扑结构能够直接用于展示现实中的科研合作现象，节点代表科研论文作者，节点间的连线代表作者间存在合作发文的情况，连线的粗细或长短代表发文数量的多少即合作关系的强弱。网形拓扑虽然结构复杂，但是利用UCINET、PAJEK等工具能够直接分析出网络的整体特征和节点在网络中的个体特征。

（3）作者合作网络的图论表示。

图论与复杂网络有着天然的联系，对于一个复杂网络，如果不考虑其动态特征，将每个网络节点视为一个点，节点间的连接关系视为边，则复杂网络就是一个图，而与网络相对应的图包含了网络的全部结构特征，如平均距离、度分布、介数、聚类系数等，并且小世界、无尺度等众所周知的网络统计特征也包含在图里面[115]。图论是描述网络特征的重要工具，基于图论，已经发现很多网络（比如社会网络、互联网和基因网络等）都呈现小世界网络的特征[116]。

作者合作网络为一个复杂网络。无权作者合作网络通过图 G 表示，$G=(N,\ V)$，其中 $N=\{N_1,\ N_2,\ \cdots,\ N_m\}$ 表示作者的集合，N 中的元素 N_m 表示作者，m 表示集合中作者的数目，用以衡量作者合作网络的规模；$V=\{V_1,\ V_2,\ \cdots,\ V_n\}$ 表示作者间连接边的集合，V 中的元素 V_i 表示边，n 表示集合中边的数目，用以衡量作者合作网络的密度。加权作者合作网络通过加权图 G^W 表示，$G^W=(N,\ V)$，其中 $N=\{(N_1,\ W_1),\ (N_2,\ W_2),\ \cdots,\ (N_m,\ W_m)\}$ 表示作者的集合，N_i 表示待标记的作者，W_i 表示作者 N_i 的权值，m 代表集合中作者的数目；$V=\{(V_1,\ S_1),\ (V_2,\ S_2),\ \cdots,\ (V_n,\ S_n)\}$ 表示边的集合，V_i 表示待标记的边，S_i 表示边 V_i 的权值，用以衡量作者间合作关系的强弱，此外，加权图还可以分为有向图和无向图。图也可以用二维矩阵的形式表示，对任何一个随机图都可以建立与其对应的矩阵，例如无权网络可以通过二值矩阵表示，假如节点 A 和 B 之间存在连接关系，则二维矩阵中对应位置单元格的值为 1，如果不存在连接关系则为 0；也可以通过权值矩阵表示加权图 G^W，矩阵元素 W_{ij} 表示节点 i 与节点 j 之间的边权值，权值矩阵也可以细分为对称矩阵和不对称矩阵，分别对应无向图和有向图。

（4）作者合作网络的加权方法。

节点和边为网络的基本构成要素。对复杂网络的加权其实就是对节点和边的加权。

1）节点加权方法。通过权值能够衡量节点在网络中的地位，不同的权值计算方法从不同角度衡量节点在某方面的重要性。对节点进行加权主要有以下几种方法：

频次累计加权。按照作者在样本数据中参与发文的绝对频次累计数对作者进行加权，在二维矩阵中即为对角线上的数据，网络图展示过程中可以根据对角线上数据的值设置节点的大小，这种方法最早应用于对无权网络的加权方式的改进，目前大部分加权合作网络的构建仍采用此方法进行加权。

节点度加权。节点度是指与该节点相连接的边的数目，在作者合作网络中是指作者的合作对象数目。有向图中的度又可以具体分为入度和出度，前者代表指向该节点的边数，后者代表从该节点出发的边数，入度可以衡量节点的吸引力大小，出度表示节点在连接过程中的主动性。

节点强度加权。加权网络中对节点度进行自然推广即为节点强度，节点强度为与节点相连的所有边权值之和，作者合作网络中的节点强度指作者所有合作对象的合作关系强度之和。

2）边加权方法。边的权值能够衡量边所连接的两个作者间合作关系的强弱。作者合作网络中的边加权方法主要有：

频次累计加权。即根据边所连接的两个节点间的累计连接频次进行加权，权值计算时只考虑连接次数，不考虑每次连接的强度。作者合作网络中的边的频次累计加权是指作者合作网络中的边的频次累计加权是指作者在样本数据所有论文中的累计共现频次。

归一化处理加权。归一化作为一种无量纲处理手段，能使某种数值的绝对值变成某种相对值，对边的归一化处理加权属于对频次累计加权的一种深加工。常用的归一化方法包括 min-max 标准化方法和 Z-score 标准化方法。

余弦相似性加权。频次累计由于只考虑作者间的绝对合作频次，一般会使用统计学方法将其转换为相似度指数，将耦合矩阵转换为相似度矩阵[117]，即通过将耦合矩阵转化为相似度矩阵方法进行规范化处理。余弦相似性公式如下：

$$C_{ij}=\frac{W_{ij}}{W_iW_j} \tag{3.11}$$

其中，W_{ij}为节点 i 和 j 在样本数据中的累计连接频次，W_i 和 W_j 分别为节点 i 和 j 在样本数据中的累计出现频次。

（5）作者合作网络的网络特征。

加权网络作为复杂网络研究的分支，权重及其分布会对其性质和功能产生重要影响，有助于刻画复杂系统的各种特性[118]。对加权网络进行研究必须首先明确描述加权网络特征的常用统计量。

1）密度。密度主要用于描述网络中节点之间相互连接的紧密程度，描述了一个图中各个点之间关联的紧密程度。密度取值范围介于 0 和 1 之间，值越大说明网络中节点间的连接关系越紧密，计算方式为网络中实际拥有的边数与最多可能拥有的边数之比。在作者合作网络中，密度代表了作者间相互交流的活跃程度，在由多作者署名的单篇论文构建的作者合作网络中，一般认为作者相互间都具有合作关系，构成一个规模较小的密度为 1 的全连接作者合作网络。

2）中心性。中心性分析是复杂网络研究的重点内容，主要用于描述节点在网络中的地位和重要性，主要有中心度和中心势两种度量方法，中心度主要描述单个节点在网络中的重要性程度，中心势则用于描述网络的整体一致性。中心性一般从程度中心性、中介中心性、接近中心性三个方面进行分析，每一种中心性分析都可以用中心度和中心势两种指数描述。

3）强度及强度分布。与无权网络相比，加权网络最明显的特征就是边的权值具有差异性，加权网络中对节点度进行自然推广即为节点强度，也称为点权，点权综合考虑了与节点相连的边的数目和权值两个要素，是节点邻居网络局域信息的一种综合表达方式；同理，对于无权网络中的节点度分布在加权网络中推广即为节点强度分布，节点强度分布主要考察网络中的节点具有某一点强度大小的概率，其与度分布和边权分布一起为研究加权网络特征提供了多个研究视角。

3.2.2 学术共同体网络

（1）学术共同体。

有史以来人类社会就以“共同体”的组织形式自发存在。1887 年德国社会学家裴迪楠·滕尼斯（Ferdinand Toenies）首次正式提出“共同体”的概念，并将其定义为“基于自然意志如情感、习惯等，以及基于血缘关系、地缘关系而形成的社会有机体”[119]。随后相关学者在研究过程中将“共同体”的传统概念进行延伸，形成诸如“经济共同体”“命运共同体”“学术共同体”等新型组合词。1942 年英国哲学家波朗依（M. Polanyi）首次提出“学术共同体”的概念，随后莫顿、托马斯等从要素、范式等角度对“学术共同体”相关理论进行定性研究，极大地扩展了“学术共同体”理论研究范围和研究领域。

从认识论的角度来看，一切实践活动和认知活动都包含着主体、客体和中介三个基本要素[120]。学术论文写作是一项科学认知活动，根据认识论，本书认为基于论文特征的学术共同体是由作者、关键词、机构三种要素共同组成的，其中作者是科研活动的主体、关键词作为研究对象是科研活动的客体、机构以组织的形式存在，目标是通过具有相似学术偏好的作者之间的合作共同开展科学研究，通过合作的形式解决研究过程中出现的问题。

（2）学术共同体网络演化的基本驱动过程。

目前，相关学者已逐步认识到学术共同体在学科发展过程中起着重要作用并对其展开研究，通过对相关文献的梳理，发现目前对学术共同体的研究主要集中在教育领域，研究内容集中在学术共同体的形成与发展等理论层面。基于目前复杂网络理论应用的广泛性，一些学者将其与学术共同体研究相结合，为学术共同体理论研究提供了新的视角。例如谭春辉等[121]从计量分析的视角，利用科学图谱的方式对我国图书馆学非正式学术共同体的核心主体、主题领域进行了可视化展示；李纲等[122]从静态网络的视角进行科研团队建模分析。然而学术共同体的主体要素具有异质性，要素间关系具有差异性，学术共同体的结构不断变化，因此，利用元网络分析方法从动态视角探索学术共同体网络中要素的相互作用及其演化规律显得尤为必要。

在用元矩阵对学术共同体网络中的节点进行构造后，不只拥有作者这一种要素，还包括关键词和机构两种要素。对学术共同体网络进行动态分析首先需要明白网络演化的基本驱动过程是什么。从元网络分析的视角来看，学术共同体网络中三种要素节点的变化是在某些基本过程的驱动下进行的。如表 3.1 所示，作者通过学习、工作、离职、升职、退休、死亡等行动可以加入作者合作网络或者从作者合作网络中退出；关键词通过创新、发现、融合、拆分的过程可以加入关键词共现网络，通过遗忘和消耗等过程有可能从关键词共现网络中退出；机构的成立、合并、撤销等行为会影响到机构在机构内或者机构间网络的位置和状态。

表 3.1　节点变化的基本驱动过程

作者	关键词	机构
学习	创新	成立
工作	发现	合并
离职	融合	撤销
升职	拆分	
退休	遗忘	
死亡	消耗	

相似地，学术环境中也存在一组过程会对学术共同体网络中连接关系的增加、维持和移除等变化产生影响，基本过程可细分为认知性过程、社会性过程和政治性过程，如表 3.2 所示，认知性过程是作者个体通过学习和遗忘等学术行为改变网络中的连接关系；社会性过程是指在作者或机构某种偏好的驱使下使得网络连接发生变化，例如某位作者被领导安排其他项目的研究，导致其与以往研究中的知识资源(关键词)间的连接关系发生变化；政治性过程是因为机构的规章制度发生变化导致机构在整体上发生变化，例如由于机构间的合并与拆分导致机构间或者机构与其他类型节点连接关系发生变化。在学术共同体的网络演化过程中，节点的添加或删除会引起与其相连接的节点之间的关系发生改变。

表 3.2　连接变化的基本驱动过程

	作者	关键词	机构
作者	由动机进行合作	研究并掌握	招聘
关键词		知识发现	知识产权管理与研发
机构			联盟

3.3　网络动态演化

动态网络研究属于复杂网络研究的最新方向，也可以理解为是复杂网络研究的高级阶段，在静态网络特征研究已形成固定研究范式和研究体系的情况下，越来越多的学者开始将研究重心转移到网络演化过程、网络动态特征等动态网络研究上。

3.3.1　网络演化理论基础

大多数网络系统的状态都是不断变化的，并且这种变化是基于“涌现”机制而发生的，在从动态分析的视角对复杂网络的演化模型进行构建的过程中，很多理论及理论背后的机制都对这种变化产生综合影响，不同的理论从不同的视角对复杂网络的动态变化原理进行解释，为人们认识复杂网络演化行为提供新的理论基础[123]。这些理论间可能互为补充，也可能相互矛盾。具体而言，复杂网络动态分析主要有以下几个理论基础[124]：

（1）系统工程理论。

系统工程作为一门独立的学科形成于 20 世纪 50 年代，虽然古代没有系统的概念，没有专门的方法论体系和研究范式，但已有了“系统”的思想。系统由两个以上有机联系、相互作用的要素组成，是具有特定功能、结构和环境的整体，包含整体性、关联性、环境适应性、动态性等四个基本属性。目前系统工程理论已经广泛应用于社会系统、经济系统、交通运输系统等多个领域[125]。

将系统工程理论应用于复杂网络动态分析的研究很有必要且具有很好的可行性。从系统属性与复杂网络特性的对比可知，首先，从整体性角度来说复杂网络作为一个整体，网络中的节点、边和子网络是其系统要素；其次，从关联性角度来说，网络中的节点和边之间是存在相互联系的，即网络系统的要素间相互联系；再次，复杂网络存在并依赖于其所属的外部环境；最后，随着网络外部环境和内部要素的变化，网络结构会发生变化。

（2）传染与同质理论。

传染理论基于以下假设：网络中所提供的接触机会能使节点间在信息、态度和行为方面相互接触，这种接触增加了网络成员间在信念、态度和假设方面一致的可能性，这种情况下网络就变为一种提供信息交流的错综复杂的通达路径[126]。在复杂网络中同质理论表述的是在网络中的节点都依赖相似的参考因素选择可能连接的节点，这种同质性增加了节点连接选择的可预测性，是解释“网络涌现”的一个重要机制。本书在研究科研合作网络的演化机制时应用了该理论，假设科研人员在选择合作对象时都更倾向与科研能力较强的学术带头人联系，都最可能同与其合作关系最弱的科研合作对象中断合作关系。传染理论与同质理论都是解释“网络涌现”较常用的理论机制，二者的关系可以理解为传染理论的作用促进同质性的结果。

（3）认知理论。

复杂网络中的每个节点的认知行为都是影响网络演化的一个重要因素，节点个体的认知结构一般从语义网络、认知社会结构和认知一致性平衡理论三方面进行[127]。

语义网络。语义属于自然语言理解中的概念，语义网络是指通过概念及其语义关系来表达知识的一种网络图，其是一个有向图，节点表示概念，概念间的语义关系通过边表示，从而形成一个由节点和边组成的语义网络描述图。语义网络所承载的是人们对消息的共同理解，语义网络表示的事实之间的联系通常有分类关系、聚集关系、属性关系、推论关系、时间与位置关系等形式。

认知社会结构。认知社会结构是指节点对其所属的社会网络结构的感知，它的假设前提是网络中节点对节点间可预知的、重复发生的相互作用是网络共享的并且是结构化的，用以解释节点为什么可以推断网络中其他任意两个节点间存在的联系。本书所述的基于偏好感知的科研合作加权网络研究就是基于这种认知网络结构的理论，在合作网络演化过程中，假设科研人员在了解其他科研人员的属性特征的基础上选择其合作的对象或者终止较弱的关系。

认知一致性平衡理论。认知一致性平衡理论主要解释用户作为主体对客体对象的态度和看法表示出的一致性的追求程度。Heider的平衡理论认为若两个个体是朋友关系，那么他们对同一对象的评价应该是相似的，且二者间关系越好评价结果越相似[128]。在现实生活中，如果两个人对某件物品的评价看法不一致，则二者会产生一定的分歧，分歧的结果就是要么其中一个人的看法改变，要么两个人均改变看法以达到新的平衡，从而减少认知上的不一致性。

（4）演化博弈理论。

演化博弈理论源于对生态进化现象的解释，强调节点在网络演化过程中遵循优胜劣汰、适者生存的竞争规律。为了获取有限的资源，节点在演化过程中只根据自身偏好做出使自身利益最大化的选择，不考虑其他节点的利益和集体利益。网络中演化的过程就是节点通过保持、选择和变异三个基本过程进行博弈，在复杂网络的基础上引入博弈动力学，主要涉及策略种类的选取、相互作用邻居和策略学习邻居的定义、策略更新动力学的选取等问题。主要的研究内容如下[129]：

1）研究网络拓扑结构对博弈演化动力学的影响。相互作用的网络拓扑结构和博弈规则同等重要，研究度分布、平均度、聚集系数等网络拓扑特性对于更加客观真实地研究复杂网络上的博弈动力学、理解网络局部规则对宏观性质和功能的影响具有重要的理论意义[130]。

2）探索一些可能的支持合作行为涌现的动力学机制。现实生活中的很多系统都是具有自适应特性的开放复杂网络系统，系统中的个体要素能够根据能动性进行自适应学习，优化自己的行为策略，进行博弈的要素之间是相互影响的，这种相互影响可能是非对称的且是动态调整的，这方面研究主要是根据现实复杂系统的动力学特征对博弈模型进行补充和改进[131]。

3）研究博弈动力学与网络拓扑结构的共同演化，即节点个体策略与网络拓扑结构的协同演化。网络拓扑结构与网络演化的动力学过程是相互作用的，拓扑结构影响动力学演化过程，动力学过程塑造网络拓扑结构。

3.3.2　网络演化假设条件

作者合作加权网络演化模型和学术共同体网络演化模型的演化过程都是基于以下几点假设：

（1）时间参数 t 是连续的。在网络演化过程中，网络结构是在上一时间点网络结构状态的基础上连续变化的，这种变化存在加点、加边、去点、去边等四种可能变化情况。

（2）网络变化过程是马尔科夫过程。网络演化过程中当前的网络状态仅受上一时间点网络状态的影响，与上一时间点之前的网络状态无关。

（3）在一个给定的时刻 t，所有节点和边在当前时刻的网络状态下是相互独立的，即不会有两个或两个以上的节点和边连接关系在同一时刻同时发生变化。

（4）偏好同质性。网络中节点的属性一致，节点在网络演化过程中如何进行下一步演化具有共同的偏好性。

3.3.3　网络增长模型

现实生活中的很多网络的规模都是在不断扩大的，即网络在演化过程中是不断增长的，例如作者合作网络中不断有新的作者参与科学研究和学术论文的写作，学术共同体网络中随着新论文的不断发表结构也在不断变化。网络增长模型通过具体的规则描述网络增长过程。经过对相关文献的梳理，目前动态网络增长模型可归纳为以下两种：

（1）基本增长模型。Price 在研究引文网络增长时发现“马太效应”的规则也适用于描述引文网络引文数的幂律分布，并提出网络演化过程中的增长和择优连接机制[132]。随后相关学者在 Price 研究的基础上对连接规则和连接对象数目等进行进一步改进，如 BA 模型、适应度模型、节点复制模型。这类模型具有共同的特点：在网络增长过程中只考虑节点的增加以及新增节点与旧节点之间的连接关系。本书在第 5 章将结合基本增长模型构建基于学术偏好的学术共同体元网络演化模型。

（2）改进增长模型。改进增长模型在基本增长模型的基础上全面考虑了节点的增加、节点的删除、边的增加、边的删除四种网络动态演化过程。这种改进增长模型能够较为真实、全面地模拟网络演化过程。例如在作者合作网络中，随着时间的推移，作者可能因为转变研究方向而终止与原有合作对象的合作关系，或者由于退休退出整个作者合作网络。在基本增长模型或改进增长模型中，本书认为，作者的连接行为都是在作者学术偏好的影响下进行的理性选择，即网络演化规则是根据作者的学术偏好设置的节点在网络演化过程中的行为规则的表达。本书将在第 4

章结合改进增长模型构建基于学术偏好的作者合作加权网络演化模型。

3.4　本章小结

本章主要介绍了科研合作网络动态演化过程的相关理论，目的是更加深刻地理解科研合作网络演化的基本内涵，全面阐述科研合作网络动态演化的研究内容。经过对相关理论的阐述，本章的主要结论如下：

（1）科学研究是一项复杂、艰巨的集体劳动，科研合作是科研人员之间为完成科研任务而协同合作的劳动形态。科研合作网络作为对科研合作组织结构的网络描述，是一个由节点（科研人员）和边（科研合作关系）组成的结构复杂的自组织开放式复杂网络。

（2）科研合作网络根据节点的属性可以分为作者合作单层网络和学术共同体多层网络两种类型，考虑到网站增长模型的两种基本增长方式，本书分别利用改进增长模型模拟作者合作单层网络的演化过程、利用基本增长模型模拟学术共同体多层网络的演化过程。

（3）科研合作网络是一个加权网络，节点的权值用于衡量科研人员的科研产出，边的加权用于衡量科研人员间科研合作关系的强弱。不同加权规则下的权值计算结果不同，不合理的加权规则可能会高估或低估节点在网络中的地位。

（4）网络演化过程中作者的自发行为受多种因素的影响，任何行为的发生都是在作者偏好的基础上做出的理性选择，因此预测科研合作网络如何演化必须首先感知并提取科研人员的偏好信息，并根据偏好信息构建科研人员的偏好模型。

（5）在传染理论、同质理论、认知理论、演化博弈理论的共同作用下，基于学术偏好的科研人员的自发行为推动科研合作网络的结构不断演化。

第4章

基于学术偏好的作者合作加权网络动态演化研究

本章在相关研究的基础上，通过参考其他网络模型的演化机制，利用连续介质理论和平均场理论在改进增长模型的基础上构建基于学术偏好的作者合作加权网络动态演化模型，期望在以下几方面的研究中有所贡献：①针对传统的绝对合作频次边加权方法存在的虚假贡献问题，通过构建基于科研贡献度加权的作者合作网络，能够更加科学地衡量作者合作关系和作者在网络中的地位；②通过作者数量的增长和老化规律来判断科学发展的速度，揭示科学发展的过程和规律，预测科学知识的变化状况和科学发展趋势；③通过准确描述作者合作加权网络的动态结构特征，能够揭示科研知识交流的广度和深度，反映科研复杂程度和学科综合程度，从而更加合理地构建学科主题科研社群，促进科学知识交流。

4.1 作者合作加权网络演化理论

Katz 对合作定义、合作动机、主要合作对象、合作活动及影响因素进行了深入探讨[133]。本书认为，作者合作加权网络的产生及演化过程无规则循环以下演化活动：新作者不断涌入网络—原有作者退出网络，原有作者间新的合作行为使原有合作关系发生增强或减弱变动。这些活动在时间维度与网络维度上的累积表现为作者合作加权网络的时间变化形态和网络变化形态，直接反映作者个体的行为趋势及作者群体的行为取向[134]。对作者合作网络的研究由静态分析过渡到动态分析，必须解决网络为何变化及如何变化的问题，本部分通过对作者合作加权网络演化动因、演化机制和演化规则的分析揭示其演化的本质与内涵。

4.1.1 作者合作加权网络演化动因

作者的自发行为及网络自组织过程是推动网络结构演化的主要驱动力。通过引入系统工程理论的思想，本书将作者合作加权网络的演化动因概括为以下几个方面：

（1）网络系统的环境适应性。作者合作加权网络作为一个开放的网络系统，存在并依赖于一定的外部环境，并与其产生资源、能量和信息的交互。作者合作加权网络的环境适应性要求较高，通常将其区分为技术环境、学术环境、人文环境等不同的环境类和内部环境、外部环境等不同的环境域。因此，作者合作加权网络必须在适应外部环境变化的基础上完成网络结构的有序演化。

（2）作者间竞争与合作并存的博弈关系。作者间的相互联系、相互作用形成了网络结构问题的基础。由于研究内容的专深化及个体掌握学术资源的有限性，在研究过程中作者会主动寻求有共同研究方向、知识结构互补且竞争力强的研究人员进行合作；但是随着合作环境及合作状态的变化，作者间竞争动机的增强会降低合作意愿，最终导致合作关系破裂或发生合作关系转移。随着作者合作阶段的不同，作者间的竞争与合作关系也有所改变，最终演化为一个竞合平衡、结构稳定的复杂网络系统。这种基于作者间竞争合作关系表现出的自发行为是作者合作加权网络演化的内在动因。

（3）作者的加入与退出过程。研究过程中新的研究人员通过参与某方面问题的研究加入作者合作加权网络并与若干作者建立合作关系；部分研究人员因为退休或研究方向的转移与其他作者的合作关系逐步减弱并最终退出网络。作者加入和退出网络速率的大小会影响网络的规模，决定作者合作加权网络的生命周期演化阶段[135]。这种基于作者加入与退出网络行为所表现出的网络自组织过程是作者合作加权网络演化的外在动因。

4.1.2　作者合作加权网络演化机制

在动态网络的相关研究中，Albert 和 Barabási 认为 BA 模型的演化遵循“增长”和“择优连接”的生成机制，即网络中的节点不断增加且节点间连接的概率取决于节点的度数占所有节点总度数的比值。BA 模型直观地描述了 BA 网络的演化机制，作者合作加权网络虽然具有无标度特征和小世界特征[136]，但 BA 模型直接应用于作者合作加权网络的演化仍然存在以下问题：

（1）BA 模型只考虑了新作者的加入及其与其他作者合作的连接机制，忽视了作者退出研究、转移研究方向、合作关系中止等变化情况。

（2）作者合作网络由最初的二进制无权网络演变为基于共现频次的加权网络，节点在网络中的地位衡量由节点度扩展为节点强度，择优规则也由“度择优”扩展为“强度择优”。虽然“强度择优”规则综合考虑了节点的度数及边的权值，但仍无法客观描述作者合作加权网络“择优连接”机制，例如在由 A、B 两个节点组成的双核型子网中，假设二者存在多次合作，则节点强度较大，但此类节点与其他节点不存在连接关系，“封闭性”较强，与新节点建立连接的可能性仍然很小。

（3）新作者合作对象的数目具有不确定性，不能将其设置为固定数值。有学者认为采用随机数更为确切，由于随机数在一个区间上取值的概率相等，通过引入“随机概率”的方式虽然能够更大程度模拟网络演化过程，但是忽视了作者合作对象数目的差异性。

基于前文所述问题，在BA模型的基础上构建的基于改进增长模型的作者合作加权网络动态演化模型的演化机制为：在网络演化的每一时间步，以随机概率存在作者的加入、退出和合作关系的建立与取消等几种网络演化形式；节点间的连接遵循“节点混合度择优”规则，连接数目遵循“分段随机概率”规则；节点退出遵循“节点混合度反向择优”规则；边的去除遵循“反择优概率”规则。

4.1.3 作者合作加权网络演化规则

作者合作加权网络演化系统的形成与演化过程存在“路径依赖”，各参数之间的相互关系较为复杂。首先，作者合作加权网络是一个开放系统，通过系统要素的不断调整及时适应环境变化，使网络在保持稳定状态的前提下有序演化；其次，作者合作加权网络是一个动态系统，其规模较大，当外部环境发生变化时，作者利用自适应和自调节功能调整自身行为，网络节点的加入、退出和节点间关系强度的变化体现作者合作加权网络演化的动态性；最后，作者合作加权网络是一个复杂系统，由于作者合作加权网络演化的非线性、非平衡性等特点而使其具有复杂性和多样性。本部分通过对作者合作加权网络演化动因、演化机制的分析，在第3.3.3节中所述改进增长模型的基础上提出基于学术偏好的作者合作加权网络演化遵循的基本规则：

（1）增长规则。基于学术资源的开放性和现代信息技术的支撑，突破时空限制的作者间合作能够有效整合学术资源，吸引大量研究人员作为网络系统要素参与复杂问题的研究。

（2）混合度择优连接规则。根据同质性理论，新作者在进行合作对象选择时都比较倾向与网络地位、作用较高的核心作者合作[137]。针对前文所述“度择优”和“强度择优”规则存在的问题，本书认为在加权网络中应遵循“节点混合度择优”规则，参见式(4.1)，即根据偏好性连接

规则混合度 h_i，越大的节点与新节点建立连接的可能性越大，其中 k_i 为节点 i 的度数，$\sum_j k_j$ 为网络中所有节点的度数总和；f_i 为节点 i 的强度，$\sum_j f_j$ 为网络中所有节点的强度总和。通过节点度与节点强度的混合运算，综合考虑了作者在局部网络结构中的自我封闭性与开放性，更加客观地描述了节点间优先连接的可能性。

$$h_i = \frac{k_i}{\sum_j k_j} \div \frac{f_i}{\sum_j f_j} \tag{4.1}$$

（3）反择优衰退规则。随着内外部环境的变化，作者的学术偏好会发生转移，在混合度择优连接规则的前提下，作者间竞争与合作并存的关系会导致作者间合作关系的中止和转移，达到优化自身邻居网络结构的目的。

（4）分段随机概率连接规则。作者合作加权网络在演化过程中受多种不确定因素的共同制约，每一时间步网络演化的形式具有不确定性，“随机概率”连接规则改进为“分段随机概率”连接规则，能够最大限度消除不确定因素的影响，达到最大程度模拟网络演化过程的目的。

在“增长规则”与“混合度择优连接规则”的共同作用下，作者合作加权网络逐步演化为无标度网络，部分节点度、节点强度较大的作者由于其控制资源能力较强成为网络中的核心作者，即网络中的中枢节点。“反择优衰退规则”与“分段随机概率连接规则”通过改变作者间竞争合作关系影响网络内部结构。在多种演化规则综合作用下，作者合作加权网络最终演化为一个结构复杂的自组织动态复杂网络开放系统。

4.2 作者合作加权网络演化模型的构建

4.2.1 加权合作网络的数学表示

对作者合作加权网络的建模通过加权图 G^W 表示，$G^W=(N, V)$，其中 $N=\{(N_1, W_1), (N_2, W_2), \cdots, (N_m, W_m)\}$ 表示节点的集合，N_i 表示待标记的作者，W_i 表示节点 N_i 的权值，即作者参与的绝对发文量，m 代表集合中的作者数目，表示作者合作加权网络规模的大小；$V=\{(V_1, S_1), (V_2, S_2), \cdots, (V_n, S_n)\}$ 表示边的集合，V_i 表示待标记的边，S_i 表示边 V_i 的权值，即对应作者间的共同发文加权频次，n 代表集合中的边数目，表示作者合作加权网络的紧密程度。一般通过权值矩阵表示加权图 G^W，矩阵元素 W_{ij} 表示节点 i 与节点 j 之间的边权值。本书在分析过程中不对作者合作顺序做区分，构建的权值矩阵为对称矩阵，即 $W_{ij}=W_{ji}$。

传统的绝对合作频次边加权方法会高估多作者署名论文对整个网络边权重的贡献，且署名越多虚假贡献越大。本书基于单篇论文对整个作者合作加权网络贡献一个单位边权重的观点，通过署名人数多少区分不同论文中边权重的差异性，将边的权重[138]定义为：

$$W_{ij} = \sum_k \frac{\delta_i^k \delta_j^k}{\left(\frac{2}{n_k}\right)} \tag{4.2}$$

其中，W_{ij}为作者 i 和 j 之间边的权重；n_k 表示论文 k 署名的作者数目(假设单篇论文不存在同名作者问题)；当作者 i 在论文 M 中出现时 δ_i^k 等于 1，否则为 0，当作者 j 在论文 M 中出现时 δ_j^k 等于 1，否则为 0。由式(4.2)可知，边的累积权值不仅由相应作者间共同合作论文的绝对频次决定，还受合作论文中署名人数多少的影响，这种基于科研贡献度进行边加权的方法能够客观真实地反映作者间合作关系的强弱，更有利于科学合理地分析网络结构特征，在一定程度上解决绝对频次加权的虚假贡献问题，特别是对于削弱存在“挂名”等学术不端行为作者的网络地位具有明显效果。

复杂网络中节点度指与节点相连接边数的总和，反映了节点在网络中的资源获取能力，是衡量节点网络地位的重要特征。度分布用来描述节点度的分布情况，即网络中度数为某一特定值的节点数与节点总数的比值。加权网络中对节点度进行自然推广即为节点强度 S_i［见式(4.3)］，节点强度为与节点相连的所有边的权值之和；对节点度分布进行推广即为节点强度分布。

$$S_i = \sum_{j \in N} W_{ij} \tag{4.3}$$

其中，N 为网络中与节点连接的边的总数，W_{ij} 为边的权值；一般情况下，节点强度越大的节点在网络中的“地位”越高；此外，平均节点强度作为网络中所有节点的强度之和与节点数的比值，反映了网络中各节点间连接关系的频繁程度和紧密程度，平均节点强度越大，说明网络中节点间的加权合作关系越紧密[139]。

4.2.2　作者合作加权网络演化模型描述

本书所述的作者合作加权网络动态演化模型具体计算方法如下：

(1) 网络初始化设定。当时间步 $t=0$ 时，假设网络内有 m_0 个初始节点，n_0 条初始边，边连接方式及边权值根据初始论文集合中作者合作状况设定。为了保证每个初始节点都有初始吸引度，假设初始化网络中不存在孤立节点，则初始边的个数大于初始节点的个数，且小于初始网络为全连通网络的边数，即 $m_0 \leqslant n_0 \leqslant n_0(n_0-1)/2$；设定三个常数 a_1，

a_2，$a_3 \in [0, 1]$，且 $a_1 \leqslant a_2 \leqslant a_3$；生成一个随机实数 $r \in [0, 1]$。

（2）网络动态演化。作者合作加权网络在初始化网络的基础上随着时间步的推移动态演化为新的网络，每个时间步网络演化循环遵循以下过程：

1）当 $0 \leqslant r < a_1$ 时，向网络中增加一个新节点，并与网络中已有的 n 个节点建立连接关系，其中 $n = \{n_1, n_2, n_3, \cdots, n_m\}$。设定常数 b_1，$b_2 \in [0, 1]$，且 $b_1 \leqslant b_2$；设定正整数 h_1，h_2，h_3，且 $h_1 < h_2 < h_3$；生成随机数 $s \in [0, 1]$。新节点的连接机制如下：

① 当 $0 \leqslant s < b_1$ 时，生成 $(0, h_1]$ 区间的随机整数 n_1，新节点遵循"节点混合度择优连接"规则，与网络中 n_1 个已存在节点建立连接，即网络中已存在节点 i 以概率 Π_i 与新节点建立权值为 $1/n_1$ 的连接，将 Π_i 定义为：

$$\Pi_i = \frac{h_i}{\sum_j h_j} \tag{4.4}$$

其中，h_i 为节点 i 的混合度，$\sum_j h_j$ 为网络中已存在所有节点混合度的总和。

② 当 $b_1 \leqslant s < b_2$ 时，生成 $[h_1, h_2]$ 区间的随机整数 n_2，新节点同样遵循"节点混合度择优连接"规则，以概率 Π_i 与网络中 n_2 个已存在节点建立权值为 $1/n_2$ 的连接。

③ 当 $s \geqslant b_2$ 时，生成 $[h_2, h_3]$ 区间的随机整数 n_3，新节点仍然遵循"节点混合度择优连接"规则，以概率 Π_i 与网络中 n_3 个已存在节点建立权值为 $1/n_3$ 的连接。

通过在"随机概率"的基础上引入"分段随机概率"的方式标识作者合作对象数目偏好的差异性，即随机数在分段区间之间的取值概率不等，在分段区间内取值的概率相等，从而使形成的概率分布仍然属于均匀分布[140]。在具体应用过程中可根据学科发展规律灵活调整分段数目和分段区间大小等参数。

2）当 $a_1 \leqslant r < a_2$ 时，删除网络中的某个节点及与其相连的边，即该节点退出网络。网络中混合度较小的节点在网络中的作用和地位相对较低，容易被删除。节点被选中的概率 Π'_i 与节点混合度的倒数成正比，将其定义为：

$$\Pi'_i = \frac{1/\Pi_i}{\sum_j (1/\Pi_j)} \tag{4.5}$$

3）当 $a_2 \leqslant r < a_3$ 时，随机选取一个节点，遵循“分段随机概率”连接规则，选择与其最有可能相连的 $n = \{n_1, n_2, n_3, \cdots\}$ 个节点建立权值为 $1/n$ 的边，如果两个节点已存在连接关系，则增加 $1/n$ 单位的边权值。

4）当 $r \geqslant a_3$ 时，随机选取一个节点，并利用“边权重过滤技术”断开与之相连的节点中关系最弱的 n_5 条连接，保留强连接结构成分[141]。本书利用“反择优概率”连接规则选取另一节点，节点被选中的概率 Π''_i 表示为：

$$\Pi''_i = \frac{1 - \Pi_i}{N_t - 1} \tag{4.6}$$

本书中，当 $a_1 = a_2 = a_3 = 1$ 时，网络演化为最基本的无标度网络模型；当 $b_1 = b_2 = 1$ 且 $n_1 = 1$ 时，网络中边加权方式等同于频次加权方式。网络演化过程中在演化时间步长 t 确定的前提下，按照上述算法建立的作者合作加权网络演化模型，每一时间步间隔网络如何演化取决于 a_1，a_2，a_3 三个参数的值，通过参数 $p_1 = a_1$ 和 $p_2 = a_2 - a_1$ 可以控制网络规模的大小，通过参数 $p_3 = a_3 - a_2$ 和 $p_4 = 1 - a_3$ 可以控制节点间连接关系的紧密程度和网络规模的大小。在对不同领域的作者合作加权网络建模时，可以根据网络实际的生长特点调整参数，以获得特定结构的网络模型，使网络演化模型更加趋近于实际网络的拓扑结构[142]。

4.2.3 模型度分布特征推导

在前文所述的网络演化规则前提下，根据平均场理论和连续介质理论可知，上述 4 个过程都会影响网络中节点的度数，且网络中节点 i 的度数 k_i 是连续变化的，则 k_i 满足动力学方程[143]：

$$\begin{aligned}
\frac{\partial k_i}{\partial t} &= p_1 n \Pi_i - p_2 \frac{k_i}{N_t} + p_3\left[\frac{1}{N_t} + \left(1-\frac{1}{N_t}\right)\Pi_i\right] - p_4\left[\frac{1}{N_t} + \left(1-\frac{1}{N_t}\right)\frac{1-\Pi_i}{N_t-1}\right] \\
&= (p_1 n + p_3)\Pi_i - p_2\frac{k_i}{N_t} + (p_4 - p_3)\frac{\Pi_i}{N_t} + \frac{p_3 - 2p_4}{N_t} \\
&= (p_1 n + p_3)\frac{h_i}{\sum_j h_i} - p_2\frac{k_i}{N_t} + (p_4 - p_3)\frac{1}{N_t}\frac{h_i}{\sum_j h_i} + \frac{p_3 - 2p_4}{N_t}
\end{aligned} \tag{4.7}$$

式(4.7)中初始状态下 4 项内容分别代表加点、去点、加边、去边 4 种演化过程所引起的度数 k_i 的变化率。假设经过 t 个时间步后，整个网络中节点总数的数学期望为 $N_t = m_0 + (p_1 - p_2)t$；节点度总和的数学期望为 S_t，则 t 时刻节点的平均度(k_t)为：

$$(k_t) = \frac{S_t}{N_t} = \frac{2[p_1 n - p_2(k_t) + p_3 - p_4]}{p_1 - p_2} \tag{4.8}$$

因此$(k_t) = 2(p_1 n + p_3 - p_4)/(p_1 + p_2)$，将 $N_t = (p_1 - p_2)t$（t 足够大时）和(k_t)代入式(4.8)得：

$$S_t = 2\frac{(p_1 n + p_3 - p_4)(p_1 - p_2)}{(p_1 + p_2)}t \tag{4.9}$$

将 S_t、N_t 代入式(4.7)可近似得到一阶微分方程：

$$\frac{\partial k_i}{\partial t}=\frac{(p_1+p_2)(p_1n+p_3)-2p_2(p_1n+p_3-p_4)}{2(p_1n+p_3-p_4)(p_1-p_2)}\frac{k_i}{t}+\frac{p_3-2p_4}{p_1-p_2}\frac{1}{t} \tag{4.10}$$

令 $\alpha=\dfrac{(p_1+p_2)(p_1n+p_3)-2p_2(p_1n+p_3-p_4)}{2(p_1n+p_3-p_4)(p_1-p_2)}$，$\beta=\dfrac{p_3-2p_4}{p_1-p_2}$，且初始条件 $k_i(t_i)=m$，则有：

$$k_i=\left(m+\frac{\beta}{\alpha}\right)\left(\frac{t}{t_i}\right)^{\alpha}-\frac{\beta}{\alpha} \tag{4.11}$$

利用 α、β 的值将 $k_it<k$ 的节点概率 $P(k_it<k)$ 转换为：

$$P(k_it<k)=P\left(t_i>t\left(\frac{m+\dfrac{\alpha}{\beta}}{k+\dfrac{\alpha}{\beta}}\right)^{\frac{1}{a}}\right)=1-P\left(t_i<t\left(\frac{m+\dfrac{\alpha}{\beta}}{k+\dfrac{\alpha}{\beta}}\right)^{\frac{1}{a}}\right) \tag{4.12}$$

由于节点 i 加入到系统的时间已经服从随机均匀分布，因此 i 的概率密度为 $p(t_i)=1/(m_0+a_1t)$，节点的度分布为：

$$P(k)=\frac{\partial P(k_it<k)}{\partial k}=\frac{1}{\alpha}\frac{p_1t}{m_0+p_1t}\frac{\left(m+\dfrac{\alpha}{\beta}\right)^{\frac{1}{a}}}{\left(k+\dfrac{\alpha}{\beta}\right)^{\frac{1+\alpha}{\alpha}}} \tag{4.13}$$

当 $t\to\infty$ 时：

$$P(k)=\frac{1}{a}\left(m+\frac{\alpha}{\beta}\right)^{\frac{1}{a}}\left(k+\frac{\alpha}{\beta}\right)^{-\gamma} \tag{4.14}$$

其中：

$$\gamma=\frac{1}{a}+1=\frac{2(p_1n+p_3-p_4)(p_1-p_2)}{(p_1+p_2)(p_1n+p_3)-2p_2(p_1n+p_3-p_4)}+1 \tag{4.15}$$

式(4.14)表明，本书所述作者合作加权网络演化模型具有无标度网络特性，其度分布 $P(k)$ 具有幂律分布特性，且其幂律指数 $\gamma=1/a+1$。将 n、p_1、p_2、p_3、p_4 等参数的取值范围代入式(4.15)中可得幂律

指数 γ 的取值范围为 $1\leqslant\gamma\leqslant3$，即本书所构建模型的度分布服从指数为1~3的幂律分布。此外，在加点和加边过程中，节点遵循“分段随机概率”连接规则，与其最有可能相连 n 个节点建立连接关系，n 的取值在区间内是随机数，由于随机数在区间内部的取值概率相等，因此在网络演化过程中度分布应服从均匀分布，且具有“分段均匀分布”的特征。

4.3 作者合作加权网络模型演化仿真

4.3.1 网络模型演化过程可视化展示

假设初始化网络为由5个节点组成的边权值具有差异性的全连通网络，如图4.1(a)所示，在其后每一时间步中，循环执行前文所述的演化过程。设定初始条件 $a_1=0.6$、$a_2=0.7$、$a_3=0.9$，$b_1=0.4$、$b_2=0.8$，$h_1=3$、$h_2=6$、$h_3=8$，时间步长分别为 $t=30$、$t=60$、$t=100$ 时，初始化网络演化仿真拓扑结构瞬时状态的可视化效果如图4.1(b)、图4.1(c)、图4.1(d)所示，三者节点数目分别为18、34、52，因为在仿真过程中存在随机性因素的影响，三者取值均在合理范围之内。由图4.1可知，随着网络的演化，网络整体结构特征及节点个体特征都不断变化且节点的位置和重要性的差异逐步显现。如序号为4、11等处于网络中间位置的核心节点与其他多个节点具有连接关系，说明其在网络中具有较强的控制资源的能力；序号为1、18等节点与其他节点间的连接关系较少，说明其在网络中处于边缘位置。

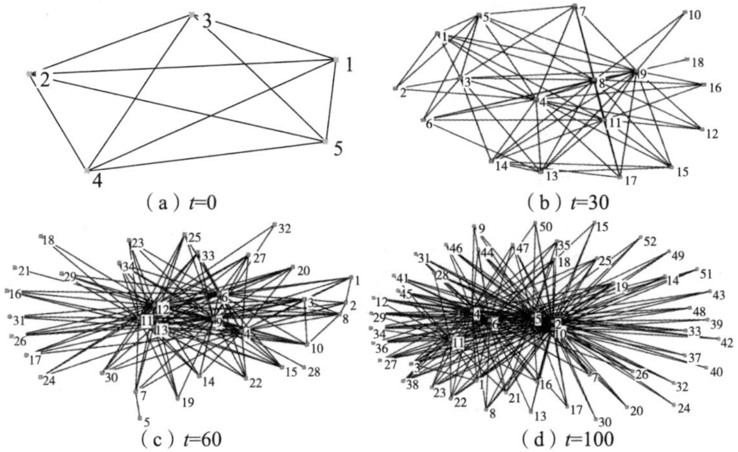

图 4.1 网络模型演化过程可视化展示

4.3.2 网络模型演化度分布特征统计

在网络演化过程中网络结构受多种因素的综合影响，本部分运用 MATLAB 分别对不同时间步长、不同网络初始状态、不同初始值条件下的网络演化过程进行仿真，并对网络瞬时度分布特征(强度分布、混合度分布因为其较大分散性和较小差异性不具有统计学意义)进行统计分析，为了消除随机性因素的不确定性影响，下文模拟分析结果均为 10 次独立仿真的结果的平均值。

(1) 不同时间步长网络演化度分布特征对比分析。

图 4.2 为初始结构为图 4.1(a)中的网络在时间步长 t 分别为 1000、2000、3000 时的网络度分布双对数坐标图，其中横坐标为节点度值，即与某作者存在合作关系的人数，纵坐标为相应度值的节点数在所有节点中的比率。由图 4.2 可知，不同时间步长内网络度分布幂律指数的值相近，且符合前文所推导出的幂律指数的取值范畴[1, 3]，说明当时间步长达到一定程度后网络模型度分布情况趋近一致，度分布特征受网

络演化时间步长短的影响较小，主要遵循均匀分布和幂律分布，且具有“分段均匀分布”的特征。

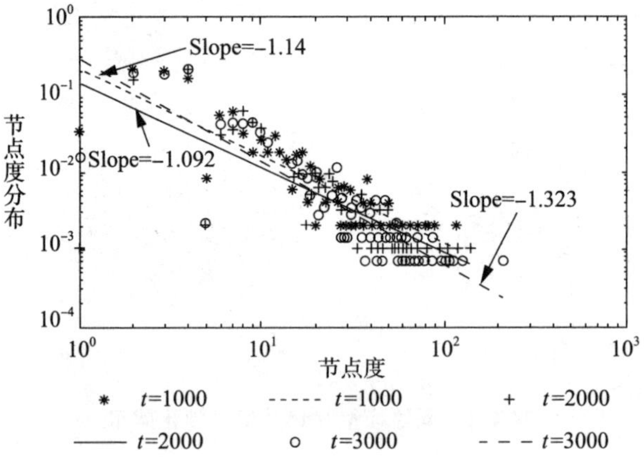

图 4.2　不同时间步长的网络度分布

合作网络中节点的重要程度具有差异性，在网络演化过程中一些关键节点往往发挥重要作用，而节点度是根据网络中的各个节点链接情况所确定的集中程度，来源于社会计量学中的“明星”这一概念，是用来衡量节点在网络中地位的最简单、最直接的测量方法。图 4.2 中三种时间步长下度分布特征具有较强的一致性：度值为 1 的节点数接近节点总数的 1%，比率相对较低，在当今自由开放的学术环境下，较少有作者只有 1 个固定合作对象；度值在[2，4]，属于均匀分布，占总节点数的 57%左右。这两类节点往往处于网络的外围位置，代表普通的科研工作人员。度值在[5，17]的节点服从幂律分布，随着度值的增加相应节点所占的比率逐步降低，占总节点数的 31%左右，这类节点在网络中处于次核心地位，在所属子网中具有较高的地位和影响力。度值大于 18 的节点也服从均匀分布，在整个模型中呈现“垂头”现象，占总节点数的 11%左右，这类节点在网络中处于绝对核心地位，所对应作者的合作对象较多，其知识交流的对象和范围较广，对整个网络都具有较强的影响力，现实情况中这些节点主要为一些具有硕士、博士招生资格的学科领军人物或者具有较大规模项目组的负责人。

（2）不同网络初始形态网络演化度分布特征对比分析。

图 4.3 为在设定初始条件为 $a_1=0.6$、$a_2=0.7$、$a_3=0.9$，$b_1=0.4$、$b_2=0.8$，$h_1=3$、$h_2=6$、$h_3=8$ 时，不同网络初始形态下时间步长均为 2000 时的网络度分布双对数坐标图。初始状态分别选取具有 5 个初始节点的全连通网络、星形网络、环形网络进行对比分析，通过对比图 4.2 和图 4.3 可知，二者的网络度分布特征具有很强的一致性，图 4.3 中度分布仍然呈均匀分布、幂律分布，具有“分段均匀分布”的特征，且出现“垂头”现象，说明网络度分布受不同网络初始形态的影响较小，即“不敏感依赖于网络初始形态”。

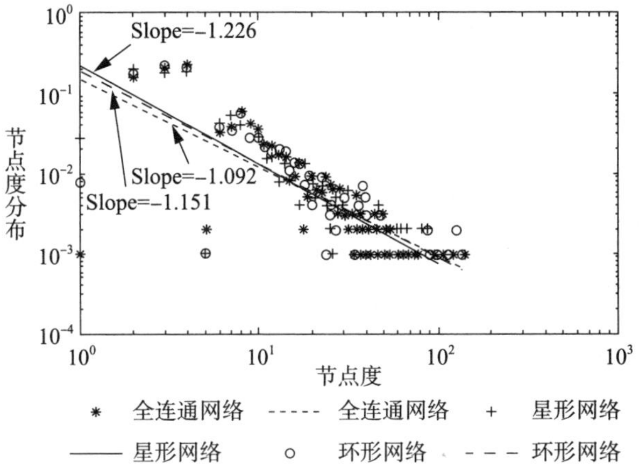

图 4.3　不同网络初始形态的网络度分布

（3）不同初始值网络演化度分布特征对比分析。

图 4.4 为初始结构为图 4.1（a）中的网络在时间步长为 2000 时不同初始值情况下网络度分布双对数坐标图，通过设置不同的初始值，分析不同参数对网络结构的影响。本书设置 3 种参数组合情况：

case(1)：$a_1=a_2=a_3=1$，$b_1=0.4$、$b_2=0.8$，$h_1=3$、$h_2=6$、$h_3=8$。

case(2)：$a_1=0.6$、$a_2=0.7$、$a_3=0.9$，$b_1=0.4$、$b_2=0.8$，$h_1=3$、$h_2=6$、$h_3=8$。

case(3)：$a_1=0.6$、$a_2=0.7$、$a_3=0.9$，$b_1=0.8$、$b_2=0.9$，$h_1=2$、$h_2=4$、$h_3=6$。

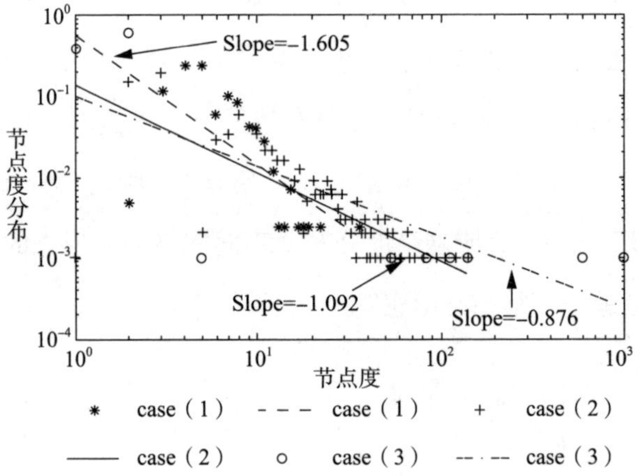

图 4.4　不同初始值的网络度分布

参数组合为 case(1)时，网络退化为基本的无标度网络 BA 模型。对比三种参数组合下的度分布的幂律指数可知，case(2)和 case(3)参数组合下网络的度分布曲线较 case(1)参数组合下降缓慢，说明网络模型向均质化方向演化，主要是因为在这两种参数组合下，参数 a_1、a_2、a_3 的值具有差异性，即在网络演化过程中考虑了网络中去点、加边、去边等情况，使新生成的网络中各节点的度更加均衡，减缓了 BA 网络节点度分布幂律曲线的下降趋势，从而增强了网络的鲁棒性[144]。此外，case(3)中由于 b_1、b_2 和 h_1、h_2、h_3 的值的设置具有集中性，可知分段随机连接因素在演化过程中的作用增加，择优连接规则的影响减小，导致绝大部分新节点只能与混合度较高的初始节点连接，节点度分布呈现非常明显的“集中与离散分布”规律。因此，初始值的设置对网络演化结果影响重大，即网络演化过程中存在“路径依赖”。在具体应用到探索学科发展规律上时，应注意根据学科自身特点，合理设置相应参数，并对异常值做进一步优化处理。

通过对比上文所述三种情况下网络的度分布特征，可知本书所述演化规则下作者合作加权网络演化过程中的网络度分布具有“均匀与幂律双重混合分布”和“分段均匀分布”的特点，且幂律指数的值均在[1，3]的取值范围内，节点度数较大时呈现“垂头”现象，网络演化过程中存在“路径依赖”，但是“不敏感依赖于网络初始形态”，而且仿真结果很好地拟合了理论推导结果。

4.3.3　关键节点在网络动态演化中的重要性分析

合作网络中节点的重要程度具有差异性，在网络动态演化过程中一些关键节点往往发挥重要作用，而节点度是用来衡量节点在网络中地位的最简单、最直接的方法。本部分仍然利用度分布特征对比分析方法，通过测量关键节点是否存在对网络结构的影响，验证关键节点在网络动态演化中的地位。具体操作步骤为：①按照第 4.2.2 节中所述规则将网络演化 1000 个时间步长；②将呈现“垂头”现象的节点度较高的节点视为关键节点，并将其从 $t=1000$ 时的瞬时网络结构中删除；③按照原有演化规则分别演化至 $t=2000$ 和 $t=3000$；④统计出两种时间步长下的度分布结果，并将其与图 4.2 中 $t=2000$ 和 $t=3000$ 时的度分布结果进行对比分析(见图 4.5)。模型仿真过程中 4 种参数组合情况如下，其中 case(1)和 case(2)为按照第 4.2.2 节中所述规则连续演化的参数组合，case(3)和 case(4)为 $t=1000$ 时将关键节点删除后网络继续演化的参数组合：

case(1)：$t=2000$，$a_1=0.6$、$a_2=0.7$、$a_3=0.9$，$b_1=0.4$、$b_2=0.8$，$h_1=3$、$h_2=6$、$h_3=8$。

case(2)：$t=3000$，$a_1=0.6$、$a_2=0.7$、$a_3=0.9$，$b_1=0.4$、$b_2=0.8$，$h_1=3$、$h_2=6$、$h_3=8$。

case(3)：$t=2000$，$a_1=0.6$、$a_2=0.7$、$a_3=0.9$，$b_1=0.4$、$b_2=0.8$，$h_1=3$、$h_2=6$、$h_3=8$。

case(4)：$t=3000$，$a_1=0.6$、$a_2=0.7$、$a_3=0.9$，$b_1=0.4$、$b_2=0.8$，$h_1=3$、$h_2=6$、$h_3=8$。

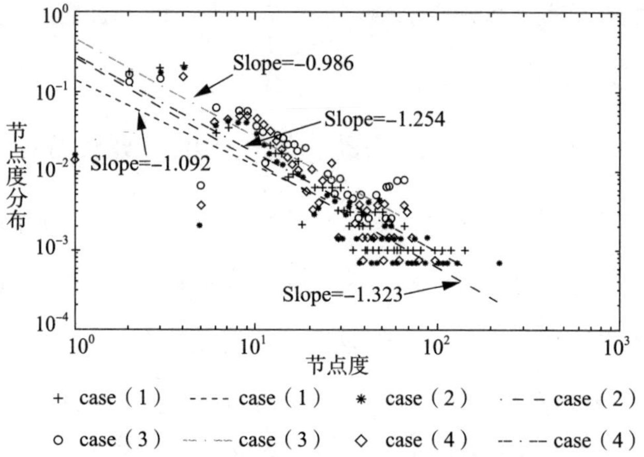

图 4.5　关键节点存在与否的网络演化度分布

由图 4.5 可知，case(3)和 case(4)参数组合下度分布的幂律指数的值均相对较小，使网络节点度分布幂律曲线相对更加平稳，网络度分布仍具有“均匀与幂律双重混合分布”的特点；但是由于在 $t=1000$ 时将关键节点删除后既有网络结构中节点的度数更加均衡，继续演化时网络模型更加趋向于向均质化方向演化，度数较大的节点所呈现的“垂头”现象不再明显。通过比较删除关键节点前后网络演化模型的度分布特征可知，相应的网络结构具有较大差异性，因此关键节点的存在与否对网络结构演化存在重要影响，关键节点在网络演化过程中具有重要地位。此外，关键节点在其所属子网中一般居于网络绝对核心位置，控制资源能力较强，中介作用较为明显，对子网结构演化的影响力更大，往往具有决定性影响。

4.4 实证分析

4.4.1 数据来源及数据预处理

在具体的实证研究过程中，类似于洛特卡定律将物理学和化学作为研究对象，本书将图书情报档案学中的情报学领域的合作论文作为具体的实证分析研究对象，主要是因为：

（1）情报学是“管理学”学科门类中“图书馆、情报与档案管理”一级学科下的一个二级学科，近年来该学科的研究对象越来越广泛，本书所涉及的偏好感知、复杂网络、科研合作现象等都属于该学科的研究内容，而且该学科有着完善的科研体系和成熟的研究范式。

（2）不同学科领域的科研合作网络演化规律有所差异，因此对科研合作网络演化规律进行分析必须确定具体的研究对象，而且必须对研究对象所属学科有一定了解，否则可能会无法正确解析研究结论。由于研究方向的原因，笔者在硕士和博士阶段对情报学领域的研究进行了跟踪了解，能够较好地把握该学科的宏观结构。

本书以CNKI中国学术期刊网络出版总库为数据源，学科领域设置为“图书情报与数字图书馆”二级类目下的“情报学、情报工作”范围内的“CSSCI来源期刊”，于2016年10月中旬分别对2009—2014年的论文按照年份进行分段检索，经过对样本数据的清洗、统计，样本数据中约84%的作者与其他作者存在科研合作行为，具有非常高的普遍性，验证了本书对作者合作关系进行研究的必要性与合理性。此外，由于本书研究的是科研合作现象，因此将两个或者两个以上科研人员署名的合作论文作为研究对象。

4.4.2 论文作者数量统计

本书研究对象为作者合作关系，因此独著论文不在本书统计范围，此外，样本数据中8位及以上作者合作现象很少出现，为便于统计，在数据处理过程中统一将阈值设置为8。对历年合作论文中作者数量的概率分布和累计分布统计结果分别如图4.6和图4.7所示，可知随着作者数量的增加，论文比重呈显著下降趋势，约95%的样本论文中作者数介于2~4，与自然科学领域研究需要较多实践和实验分析不同，情报领域作为社会科学研究的分支，由于其研究对象、研究范式较特殊，研究过程中需要的合作者较少，且合作关系主要表现为师生、同事、同学等形式。

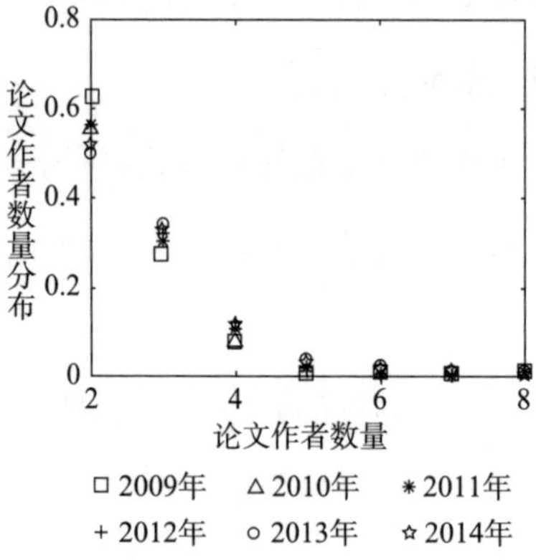

图4.6 论文作者数量分布

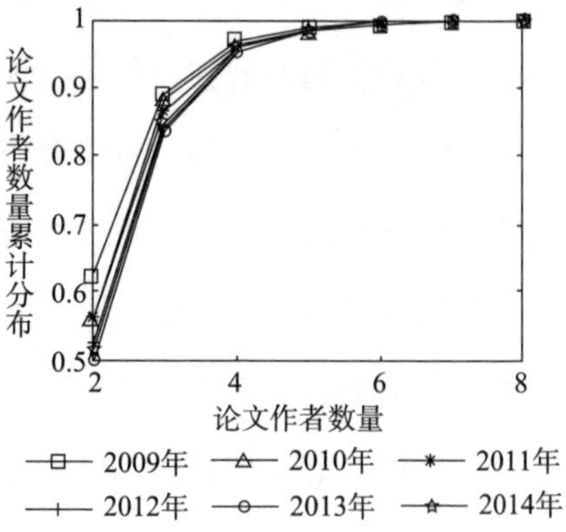

图4.7 论文作者数量累计分布

4.4.3 作者合作加权网络的度分布

本部分将样本数据累计周期分为2009—2010年、2009—2012年、

2009—2014 年进行分段统计，三个周期的合作论文数量分别为 839 篇、1883 篇、2827 篇，合作者人数分别为 1573 人、3084 人、4353 人，根据样本数据构建作者合作关系网络，并利用双对数坐标对网络中节点的度分布进行统计。由图 4.8 可知，三个周期内网络中节点度分布幂律指数的值均在[1，3]的取值范围内，且幂律指数的值较为相近，说明在相当长一段时间内我国情报领域研究的作者合作发文现象的特征具有高度稳定性，即我国情报领域学术共同体的核心主体结构较为稳定。其中作者有 1~2 个合作对象时，三个周期的分布状况基本都属于均匀分布；多于 2 个合作对象时，其分布呈现明显的幂律分布特征；随着周期时间的延长，最大作者合作对象人数逐步增加，且“垂头”现象越发明显。此外，由于实证分析过程中不存在“分段随机概率”连接问题，所以图 4.8 中实证网络的度分布的“分段均匀分布”特征不明显，这一特征与前文仿真结果存在一定差异，但恰好从反面验证了本书理论推导与仿真结果的正确性。

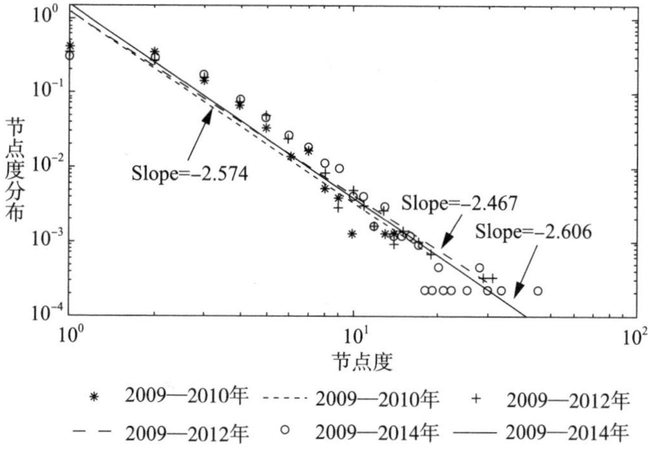

图 4.8　作者合作对象数量分布

4.4.4 作者合作加权网络模型仿真比较

本部分抽取出2009—2012年周期内的样本数据进行统计，并根据统计结果设置仿真模型参数。由于该实证网络中共有1883篇合作论文，3084位作者，由表4.1可知，该实证网络中作者之间存在4531次合作关系，此外，根据“分段随机概率”连接规则将实证仿真模型中n取值为1、2、3、4(论文中作者合作对象数量≥4的论文所占比例较低，将阈值统一设置为4)的概率分别设为0.562、0.31、0.092、0.036。从网络演化的角度来看，实证数据中随着每一期期刊论文的刊出只存在新作者加入网络和网络中已有作者间关系增强两种情况，而本书所述模型在演化过程中全面考虑了节点和边变化的四种情况，因此演化过程无法直接用论文篇数增加的方法描述，但是在已知N_t、m_0的值和$p_2=p_4=0$的前提下，可知网络演化时长t取决于p_1值的大小。虽然p_1的值无法基于实证数据统计，但考虑到网络演化过程中虽然存在“路径依赖”，但是“不敏感依赖于初始条件”，在t较大的情况下，可以通过设置p_1的值获取需要演化的时间步长，进而模拟整个网络的演化过程。为了最大限度消除实证数据与仿真数据演化过程差异性的影响，本书将p_1的值分别设置为0.5、0.6、0.7，并根据p_1的值推导出p_3和t的值，分别对每种条件利用MATLAB仿真10次并取其结果的平均值，另外，由于演化过程不存在节点和边的删除，初始节点在连接过程中具有绝对的吸引力，因此在统计度分布过程中不考虑几个初始节点的度数。假设网络初始状态仍为由5个节点组成的边权值具有差异性的全连通网络，图4.9为根据实证网络数据设置相关参数仿真生成的网络与实证网络的度分布比较双对数坐标图，考虑到本书所述演化过程与实证数据基于论文篇数增加演化的差异性，图4.9中节点度分布幂律指数的值虽然具有一定差异性，但其值均在[1，3]的取值范围内，都呈现出均匀分布、幂律分布的特征，且仿真结果和实证结果一样，度分布的“分段均匀分布”特征不明显，因此图 4.9 仍然能够说明由样本数据构建的作者合作加权网络度分布特征能够较好地拟合理论推导与仿真结果，验证了本书所述作者合作加权网络演化模型的普适性和正确性。

表 4.1　2009—2012 年样本数据作者信息表

论文中作者数量(位)	2	3	4	≥5
论文数量(篇)	1058	583	174	68
所占比例(%)	56.2	31	9.2	3.6

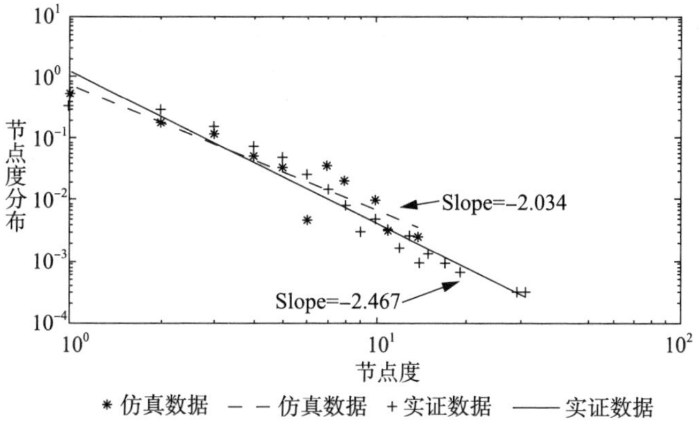

图 4.9　仿真结果与实证数据比较

4.4.5　核心作者合作网络特征

本部分选取 2009—2014 年 2827 篇论文中的 4353 位合作作者作为原始数据，根据普赖斯理论的计算公式应选择发文数大于 7 篇的 104 位作者作为核心作者。首先利用自编 VBA 程序构建 104×104 维的核心作者合作矩阵，矩阵中对角线上的值为根据表 6.1 中科研贡献度加权方法计算的作者累计加权发文频次，其他单元格的值为根据式(4.2)对作者间合作关系加权的累计加权合作频次，利用 NetDraw 对生成的矩阵进行可视化展示，结果如图 4. 10 所示。由于本书不区分主动合作与被动合作，图 4. 10 为一个无向网络，节点代表筛选出的核心作者，节点的大小根据矩阵中对角线的值设置，节点越大代表参与的加权发文频次越多；连接节点的边代表二者之间存在合作关系，边的粗细根据二者对应单元格的值设置，连接节点的边越粗代表二者合作加权合作强度越大[145]。利用作者间合作关系构建的网络反映了科学共同体内知识交流的网络[146]。图 4. 10 中左上角存在一些没有与其他节点连接的孤立节点，说明这些节点代表的作者与其他作者不存在合作关系，由图 4. 10 可知，这些孤立节点均比较小，存在合作关系的节点相对较大，说明作者参与的发文频次越多，与其他作者合作的可能性越大。图 4. 10 中共有 19 个子网，其中有 13 个只含两个节点的双核型子网，图右侧存在一个规模较大的子网，该子网又可以细分为两个子网，宋艳辉和马凤作为中间节点将两个子网连接在一起。这些子网构成了核心作者的主要合作研究团体，一般而言，只要存在这样的网络拓扑结构就可以通过拓扑结构分析发现社团群体，而不需要依靠内容发现[147]。

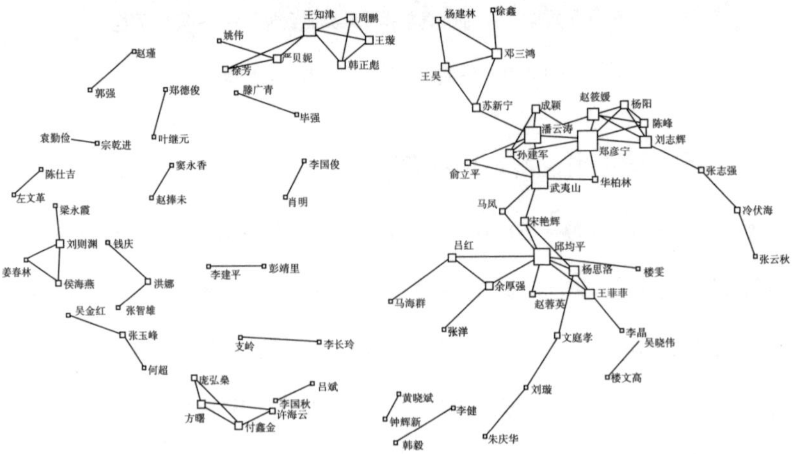

图 4. 10　核心作者合作网络

（1）网络密度分析。

网络密度是衡量网络节点间连接紧密程度的主要指标，取值范围介于0和1之间，值越大代表节点间的连接关系越紧密。一般来说，密度高的网络信息沟通性较强，工作绩效更好；而密度低的网络常有信息不畅、工作效率低下等问题[148]。利用UCINET工具统计得出由样本数据构建的核心作者网络的网络密度为0.0347，在社会网络中这是一个比较低的数值，节点间虽然存在一定的相互连接，但网络连通性不好，网络联系不紧密。综合图4.10可知，大部分节点仅与较少的节点连接，只有少量节点连接相对较多的节点，对于我国情报领域的核心作者合作来说这一现象是比较正常的，情报学作为人文社会科学领域的一个研究分支，研究过程中不需要大规模的团队合作，仅需少量的科研人员组成的团队就可以对某方面问题展开系统的研究。

（2）网络中心性分析。

中心性分析可以用于衡量节点在网络中的地位和重要性[149]，是SNA中的重点之一，也被称为权力的量化分析，主要包括程度中心性分析、中介中心性分析和接近中心性分析[150]。由于接近中心性分析要求网络图必须完全相连，图形计算结果才有效[151]，而图4.10中的网络存在孤立节点，不满足接近中心性分析的条件，所以本部分从程度中心性和中介中心性两个角度进行分析。

1）程度中心性分析。

程度中心性一般用相连接的节点数进行衡量，由于本部分构建的是基于科研贡献度加权的网络，因此本部分的程度中心性是作者与其合作对象间的合作强度总和。由表4.2可知，邱均平的程度中心度最高，与网络中与其有直接合作关系的作者共进行30次的累计加权合作，标准化程度中心性为3.566，所占份额为0.081。整个网络的程度中心性为

3.2%，说明网络中作者间合作关系不紧密，此外，通过对比分析程度中性排序结果与加权发文数量排序结果，发现二者呈显著正相关关系，说明参与发文越多的作者与其他作者合作的机会越多。

表 4.2 程度中心性结果分析

	作者	Degree	NrmDegree	Share
1	邱均平	30	3.566	0.081
6	武夷山	17	2.021	0.046
7	韩正彪	14.167	1.684	0.038
5	郑彦宁	13.8	1.641	0.037
2	王知津	13.767	1.637	0.037
10	周鹏	11.5	1.367	0.031
4	潘云涛	11.333	1.347	0.031
13	俞立平	10.667	1.268	0.029
		……		
50	刘雪立	0	0	0
103	谭宗颖	0	0	0
78	周金元	0	0	0

2）中介中心性分析。

中介中心性分析，衡量的是整个网络围绕一个点或一组点来组织运行的程度，主要表征的是整个网络的集中或集权程度[152]。作者个体的中介中心度与其所处的子网的规模和其个人影响力及论文质量存在一定的关系[153]。由表 4.3 可知，中介中心度较高的是武夷山、邱均平、宋艳辉、潘云涛等，说明这些作者控制资源能力较强，其他作者在该网络中进行合作需要通过这些作者建立连接关系的可能性比较大，他们是不同节点和群体相互连接的关键。也有部分作者的中介中心性为 0，说明这些作者在合作网络中不具备“桥梁”作用，几乎没有控制资源的能力，这样的作者一共有 77 个，占样本总数的 74%，这一比例相对较高，说明大多数资源都被中介中心性最高的作者控制。整个网络的中介中心性为5.02%，数值相对较低，也说明了网络连通性不好，没有形成一个规模较大的核心作者群。

表4.3　中介中心性结果分析

	作者	Betweenness	nBetweenness
6	武夷山	278	5.292
1	邱均平	199.833	3.804
45	宋艳辉	167.833	3.195
4	潘云涛	161.333	3.071
5	郑彦宁	155.833	2.967
40	苏新宁	116	2.208
17	杨思洛	103.667	1.973
27	刘志辉	90	1.713
83	马凤	79.167	1.507
……			
102	许海云	0	0
103	谭宗颖	0	0
78	周金元	0	0

（3）凝聚子群分析。

凝聚子群分析也称“小团体分析”，对作者合作网络进行凝聚子群分析能够挖掘出合作关系较强的科研合作团体[154]。作者耦合已成为发现科研团体的有效方法[155]，本书利用UCINET中的n-cliques分析功能对样本数据进行凝聚子群分析，当n值设为2、最小节点数设为3时，共划分出23个小团体，如图4.11所示。

由图4.11可知，利用凝聚子群划分的作者合作小团体中邱均平、潘云涛、武夷山、孙建军等存在于多个派系中，说明这些作者在其所在

23 2-cliques found.
1：潘云涛 郑彦宁 武夷山 孙建军 赵筱媛 刘志辉 杨阳 化柏林 成颖 陈峰
2：潘云涛 郑彦宁 武夷山 孙建军 俞立平 赵筱媛 化柏林 成颖
3：潘云涛 郑彦宁 武夷山 孙建军 俞立平 宋艳辉 化柏林 马凤
4：潘云涛 郑彦宁 武夷山 孙建军 俞立平 赵筱媛 苏新宁 成颖
5：潘云涛 邓三鸿 王昊 苏新宁
6：王知津 韩正彪 周鹏 严贝妮 王璇 徐芳
7：王知津 严贝妮 姚伟 徐芳
8：冷伏海 张志强 刘志辉
9：冷伏海 张志强 张云秋
10：邱均平 赵蓉英 杨思洛 宋艳辉 楼委 吕红 王菲菲 马凤 余厚强
11：邱均平 杨思洛 宋艳辉 文庭孝 王菲菲
12：邱均平 武夷山 杨思洛 宋艳辉 马凤
13：邱均平 赵蓉英 杨思洛 王菲菲 李晶
14：邱均平 吕红 马海群 余厚强
15：邱均平 吕红 张洋 余厚强
16：郑彦宁 张志强 赵筱媛 刘志辉 杨阳 陈峰
17：方曙 庞弘燊 付鑫金 许海云
18：朱庆华 文庭孝 刘璇
19：杨思洛 文庭孝 刘璇
20：张玉峰 何超 吴金红
21：姜春林 刘则渊 梁永霞 侯海燕
22：邓三鸿 王昊 杨建林 许鑫 苏新宁
23：张智雄 钱庆 洪娜

图 4.11　核心作者合作网络的派系划分结果

的团体中都处于核心地位，且起着重要的枢纽作用，属于团队的领导者。此外，派系划分结果中有些派系成员较多，这些成员基本属于同一机构或共同参与某些重大课题的研究，即成员间主要通过组织或者任务的形式建立合作关系。通过 n-cliques 分析得到的树状聚类图如图 4.12 所示。图 4.12 直观地展示了作者间的合作关系，图右侧比较密集的较短的连线指向的作者主要为图 4.10 中的孤立节点和双核型子网中的节点，由于凝聚子群分析过程中最小节点数设置为 3，这些节点不属于任何派系。中间几个派系成员较少，且派系间没有联系，最后才能和其他节点和派系聚为一个整类。下方为一个较大的派系，按照聚类程度又可以细分为多个小的派系，该派系对应图 4.10 中右侧一个比较大的子网，这个派系内的作者间存在相互连通的路径，他们是整个作者合作网络的基础。

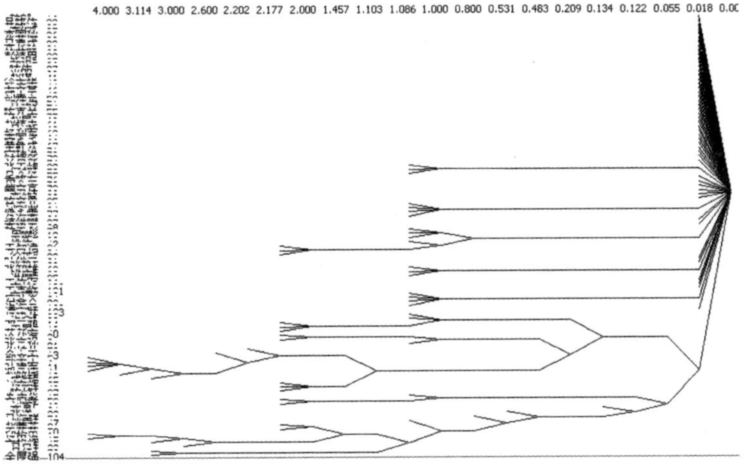

图 4.12　树状聚类图

4.5　本章小结

本章首先介绍了作者合作加权网络演化的动因、机制，并将作者的学术偏好映射为网络演化规则；其次构建了作者合作加权网络演化模型，通过设置不同的参数模拟网络演化过程，对样本数据进行实证分析并将实证分析结果与仿真结果进行对比分析；最后对样本数据的核心作者合作网络特征进行分析。本章的主要结论如下：

（1）发现作者的度分布具有“均匀与幂律双重混合分布”和“分段均匀分布”的特点，幂律指数的取值范围为[1，3]，节点度数较大时呈现“垂头”现象，且网络演化过程存在“路径依赖”，但是“不敏感依赖于初始条件”。

（2）对 2009—2014 年我国情报学领域 CSSCI 来源期刊上的合作论文进行统计，实证分析结果能够较好地拟合理论推导和仿真模型的度分布特征，验证了本章所构建的作者合作加权网络演化模型的科学性与合理性。

（3）该模型在遵循BA模型生成机制的前提下兼顾了作者合作加权网络演化的自身特征，能够更加客观真实地模拟作者合作加权网络演化过程，从而通过对网络动态特征的比较，分析梳理科研团体发展脉络，引导科研团体发展，优化科研团体结构。

第5章

基于学术偏好的学术共同体元网络动态演化研究

学术共同体内部、学科内部学术共同体间、跨学科学术共同体间的学术交流会导致学术共同体整体网络结构的动态演化，这种演化也是减少学术创新成本和提高学术创新水平的必备条件。基于第 4 章所述的作者合作加权网络动态演化模型较强的普适性和应用价值，我们对其进行改进并结合元网络分析方法对具有不同属性的作者、知识、机构等内容进行关联分析，这种基于元网络的学术共同体网络结构动态演化研究不仅能够客观、真实、全面地模拟学术共同体网络演化过程，实现对学术共同体生命周期和学科发展周期的识别，根据学科发展规律通过灵活调整参数达到优化学术共同体网络结构和促进学科发展的目的，而且能够利用网络动态演化模型探究学术共同体知识资源、主题领域、学术交流的发展规律和由主体、中介、客体等组成的学术共同体的构建范式。

5.1 学术共同体元网络演化理论

学术共同体作为共有空间中相互作用的个体的集合[156]，其功能主要体现在能形成持续的科学研究能力，在知识发现、学术交流过程中发挥着重要作用[157]。与作者合作网络相比，学术共同体网络结构更为复杂，实现学术共同体网络的多层网络同步演化也更加困难，因此，为了能够比较科学、客观地模拟学术共同体网络的演化过程，必须首先充分了解学术共同体的演化理论，本部分仍然从演化动因、演化机制和演化规则三方面阐述学术共同体的演化理论。

5.1.1 学术共同体元网络演化动因

从系统论角度来看，学术共同体网络是一个具有动态特性的复杂系统，其网络结构不断变化，从动态网络视角来看，这种网络结构的瞬时形态即网络演化的结果，而探索网络结构的成因即网络演化的动因是研究网络演化规律的前提。本部分从微观、中观和宏观三个层次对学术共同体网络演化的动因进行综合分析：

（1）网络成员的微观视角。网络中结构变化需要在某些基本过程驱动下进行，网络成员的个体因素是推动网络演化的基本因素，主体成员间的竞争与合作、客体对象间知识的融合与创新、中间媒介间的互动与协调，这些网络成员间的个体交互行为在网络演化过程中能够创造出网络整体的复杂特性，即学术共同体网络的演化是基于“涌现”机制而发生的，这种自发性互动行为是学术共同体网络演化的内在动因。

（2）网络结构的中观视角。网络演化是网络结构变化的动态体现，网络中节点个体间的互动会导致网络结构的变动，主体成员通过参与项目研究或者转移研究方向等行动可以加入或者从合作网络中退出；客体知识通过创新、发现或遗忘与消耗能够加入或者从知识网络中退出。这些行为都能够影响节点在整个元网络中的位置或状态，从而影响网络结构，这种基于网络行为所表现的网络自组织过程是学术共同体网络演化的外在动因。

（3）外部环境的宏观视角。学术共同体网络是一个开放的复杂网络系统，网络成员通过与其所处的环境发生作用获取相关资源，对其所处的外部环境特别是学术环境、人文环境具有较强依赖性，而且在其生命周期的不同阶段对环境的依赖程度不同。因此，学术共同体网络必须在适应外部宏观环境的基础上进行网络结构的有序演化。

5.1.2　学术共同体元网络演化机制

学术共同体元网络是一个涉及三种不同属性要素，且同质要素之间、异质要素之间关系错综复杂的多层元网络，与单一层次的作者合作网络演化过程相比，如何实现学术共同体多层网络间的协同演化是首先要解决的问题。随着科学研究的不断开展，科研成果不断涌现，学术共同体网络也会不断增长。本章仍然利用科研论文可以有效衡量科研成果的思想，在网络基本增长模型和第 4 章所述的作者合作加权网络演化模型的基础上，将基于学术偏好的学术共同体元网络的演化机制概述为：以初始化网络为基础，以时间步长 t 为基本单位，每一时间步向原网络中添加一篇有两个以上作者的合作论文，并将新增论文所形成的学术共同体网络结构按一定规则整合到原有网络结构中。其中新增元网络的网络结构形成原理为：基于作者在学术共同体网络中的主体地位，首先通过概率形式确定新增论文中的作者数目；其次通过“共现概率”的方法确定关键词数目和机构数目，分别在作者、关键词、机构三层同质网络内部节点间按照加权规则建立全连接关系；最后在作者—关键词、机构—关键词这两层异质网络中的所有异质节点间建立全连接关系，在机构—作者层异质网络中的节点间按照 1∶N 的对应关系建立连接。

5.1.3　学术共同体元网络演化规则

在网络结构动态演化的相关研究中，普遍认为“增长”和“择优连接”机制是网络连接的行为驱动力，具有 BA 增长模型的无标度特性，特别是在当前的知识经济时代，学术共同体的网络规模不断扩大，演化过程也更加复杂。从时间分析角度来看，学术共同体网络的演化受作者学术偏好的影响，在多种演化规则的综合作用下进行有序演化。基于第

3.3.3 节中所述的基本增长模型，学术共同体元网络的主要演化规则如下：

（1）增长规则。知识经济时代，越来越多的科学研究人员和科研机构参与到科研活动中，学科间的交叉融合推动了知识的融合与创新，促使各种科研成果不断涌现，而且科研成果更新迭代的周期越来越短，从而使学术共同体元网络的整体规模不断扩大。例如较多的新增科研人员通过参与较少学科领域科研项目的研究成为学术共同体元网络的新增要素，这种集中现象即属于偏好性增长规则作用下的学术资源分布不均问题。当然也可以通过对学术资源占有情况的分析推测出学科所处的生命周期发展阶段。

（2）混合度择优连接规则。如同第 4.1.3 节中所介绍的混合度择优连接规则，本章中的混合度择优连接规则仍然指作者这一类型节点在选择合作对象时的偏好性连接规则。在本书研究过程中，假设在同质性理论的作用下，所有作者都更倾向于和混合度较高的作者建立合作关系。

（3）共现概率规则。合作论文中作者、关键词、机构在论文中的同步共现是进行学术共同体网络分析的基础，其中机构间合作依赖于机构内作者的合作，关键词的共现依赖于作者间知识的交流融合，因此作者合作决定了关键词共现和机构共现，对网络结构演化起着决定性作用。本书没有选择在每一时间步演化过程中先将三类节点独立演化再建立连接关系的研究思路，而是基于“共现概率”规则，关键词与机构两类节点的数目通过与新增论文中不同作者数量的“共现概率”确定，分别建立全连接关系。此规则中的偏好性是指机构或关键词的多少，具体数量与某一作者数量共现的可能性更大，例如由 5 位作者合作的论文中绝大部分论文中的作者机构数都为 3，这种偏好性即为二者共现概率的可能性。

（4）条件随机概率规则。学术共同体网络演化过程虽然具有不确定性，然而可以通过设置节点的数目及新、旧节点的数目对“随机概率”连接规则和“分段随机概率”连接规则进行进一步优化，在多层网络演化过程中这种“条件随机概率”连接规则能够充分发挥层间网络连接约束作用，最大程度消除不确定性因素的影响并模拟网络节点连接过程。该规则属于对共现概率规则的延伸，主要用于网络演化过程中新、旧节点数量的判断。

在“增长规则”与“混合度择优连接规则”共同作用下，学术共同体网络中的作者合作网络层会逐渐显现 BA 模型的特性，可以产生幂律，属于无标度网络；在“共现概率”规则和“条件随机概率”的作用下，机构层网络和关键词层网络会随着作者合作网络层的演化进行同步演化。与作者合作加权网络演化相比，在多种演化规则综合作用下，学术共同体网络通过六层网络同步演化会形成一个结构更为复杂的自组织开放式动态网络系统。

5.2　学术共同体元网络演化模型的构建

5.2.1　学术共同体元网络的表示

传统的科研合作网络分析内容集中在某一时间横截面上有固定边界的网络，主要分析作者间耦合关系等 1-模数据和作者—关键词耦合关系等 2-模数据，属于静态性的网络分析。但是随着时间的推移，作者的加入与退出、作者间的合作强度的变化都会影响科研合作网络拓扑结构，科研合作网络呈现动态演化的特征，对这种大规模动态、多模、多链路、异质的网络显然无法利用传统的复杂网络静态分析方法进行分析。动态网络分析(Dynamic Network Analysis，DNA)作为传统复杂网络分析的延伸和扩展，能够从多维度灵活分析动态网络的结构及状态，能够模拟大型组织网络的演变过程。DNA一般采用“元矩阵”方式构造动态网络，网络的节点不只拥有人这一种元素，还包括资源、任务等组织中的所有元素。本书根据科研合作论文的特点，抽取论文的特征词构建动态网络分析方法的元矩阵：①外部特征作者能够反映论文著作权的归属情况，将其视为分析的主体。②内部特征关键词能够表达论文的主题内容，代表了作者的研究方向，将其作为元矩阵中的知识。③外部特征机构是论文作者所属的单位，将其作为元矩阵中的组织。据此构建学术共同体元网络的元矩阵，如表5.1所示。

表5.1　学术共同体元矩阵

	作者	关键词	机构
作者	作者合作网络	作者认知网络	作者分布网络
关键词	……	关键词关联网络	关键词分布网络
机构	……	……	机构间网络

作者、关键词、机构三类关注项内部网络及其相互交叉可构成六层网络，如表5.2所示，A、B、C三层内部网络中的节点和边是同质的，而A-B、A-C、B-C等层间网络中的节点和边是异质的，因此根据节点属性的一致性原则将A、B、C三层网络称为同质性网络，将A-B、A-C、B-C等层间网络称为异质网络。此外，根据相应节点在论文集合中的共现次数对边进行频次加权，层内与层间的边均有连接关系，作者与关键词之间存在认知关系形成作者认知网络层，作者隶属的机构形成作者分布网络层，关键词与机构间存在能力拥属关系，形成关键词分布网络层。如图5.1所示，错综复杂的科研合作动态网络更能直观地反映不同主题层之间的关系，进而可以利用动态网络分析工具ORA对元矩阵

进行多模分析，描述科研合作动态网络的本质、特征、变化、影响因素等指标。

表 5.2　学术共同体元网络各子网络层

编号	子网络层	节点	边
A	作者合作网络层	作者	合作关系
B	关键词关联网络层	关键词	共现关系(关联关系)
C	机构间网络层	机构	竞争与合作
A-B	作者认知网络层	作者—关键词	作者与论文关键词的使用关系
A-C	作者分布网络层	作者—机构	作者与其所在机构的隶属关系
B-C	关键词分布网络层	关键词—机构	机构的研究方向

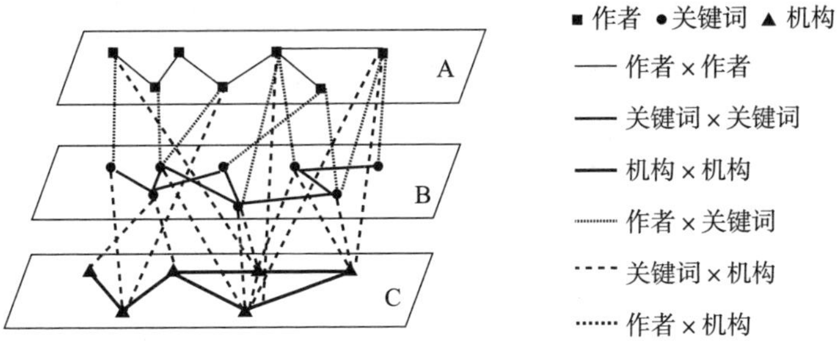

图 5.1　学术共同体元网络

5.2.2　学术共同体元网络演化模型描述

学术共同体网络的加权方法与第 4.2.2 节所述作者合作加权网络演化模型一致，本章不再赘述。具体而言，学术共同体网络在动态演化过程中演化模型的具体计算方法如下：

（1）网络初始化。

假设网络初始状态存在一篇包含多个关键词和机构的合作论文，即当时间步 $t=0$ 时，图 5.1 中 A、B、C 三个网络层内的节点数目分别为 A_0、B_0、C_0，由于同质网络中不考虑边的有向性，假设边的数目分别为

a_0、b_0、c_0，异质网络中 A-B、A-C、B-C 层间的 6 条有向边的数目分别为 ab_0、ba_0、bc_0、cb_0、ac_0、ca_0；A、B、C 三个网络层内部同质节点间为全连接关系；考虑到作者与其机构的隶属关系(假设不存在一个作者从属于多个机构)，A-C 层间网络机构与作者之间是 1∶n 的关系，且边权值设置为 1；基于知识的共享性特征，同一篇论文的作者和机构都对相关知识具有一定程度的掌握，因此 A-B、B-C 层间网络节点间为基于n∶n关系的全连接方式，初始边权值的设置根据第 4.2.1 节中所述的加权规则设置，即初始网络为一个多层全连接式元网络。

（2）网络增长。

学术共同体网络以初始化网络为基础，在演化过程中以时间步长 t 为基本单位，每个时间步内同步执行以下网络增长过程，每个连续的时间步间循环执行以下网络增长过程：

1）同质网络增长。

① A 层网络增长。

以概率 p_i 表示新增论文中有 i 个作者的概率，其中 $\sum_{i=1}^{m} p_i = 1$(假设 m 为论文中作者人数的最大值)；以概率 s_x 表示新增论文中有 x(x = 0，1，2，…，m) 个作者属于原网络中已有旧作者的概率，其中 $\sum_{x=0}^{m} s_x = 1$，则 $x = 0$ 表示论文中的作者全是新作者，$x = m$ 表示论文中的作者全是旧作者。在向原有网络中添加一篇新论文时，在论文中所有作者间建立全连接关系，并根据作者数量对边进行加权，在已知新增论文中作者总数、新作者数、老作者数的前提下，新节点之间直接建立连接关系，新节点与老节点之间的连接遵循混合度择优连接规则(如果存在多个新节点，则其都与老节点中混合度较大的Top N个节点连接)，仍利用第4.2.1节中所述方式设置边权重，即网络中已存在节点 i，以概率 Π_i 与新节点建

立权值为 w_{ij} 的连接。

② B 层网络增长。

利用“共现概率”规则，以概率 iq_j 表示在有 i 个作者的新增论文中有 j 个关键词的概率，其中 $\sum_{j=1}^{n} iq_j = 1$（假设 n 为论文中关键词数的最大值）；然后根据“条件随机概率”规则确定关键词数固定的情况下，新作者与老作者数的分布概率，以概率 u_v 表示新增论文中有 $v(x=0, 1, 2, \cdots, n)$ 个关键词属于原网络中已有关键词的概率，其中 $\sum_{v=0}^{n} u_v = 1$，则 $v=0$ 表示论文中的关键词全是新关键词，$v=n$ 表示论文中的关键词全是旧关键词。其中关键词节点间也采用全连接方式进行连接，由于 B 层网络在演化过程中不是独立演化的，而是根据与作者数的共现概率和条件随机概率规则确定网络演化过程中关键词的数目和新旧关键词的数目，此外，由于本节主要通过度分布特征分析网络结构，因此 B 层网络中节点间的连接直接采用频次加权方式。

③ C 层网络增长。

同 B 层网络增长过程一样，依据“共现概率”规则和“条件随机概率”规则，以概率 ir_k 表示在有 i 个作者的新增论文中有 k 个机构的概率，其中 $\sum_{k=1}^{h} ir_k = 1$（假设 h 为论文中机构数的最大值）；以概率 w_y 表示新增论文中有 $y(x = 0, 1, 2, \cdots, h)$ 个机构属于原网络中已有旧机构的概率，其中 $\sum_{y=0}^{e} w_y = 1$，则 $y = 0$ 表示论文中的机构全是新机构，$y = e$ 表示论文中的机构全是旧机构。同样，由于 C 层网络与 B 层网络在演化过程中对 A 层网络的依赖性，C 层网络中节点间的连接也采用频次加权方式。

2）异质网络增长。

在基于节点行为的元网络协同演化过程中，异质网络中的边一般被认为是有向边，不同方向的边用以解释不同的连接问题。

① A-B 层网络增长。

在同一篇论文中，所有作者对关键词所代表的研究领域都有一定的研究，因此在网络演化过程中不需要考虑作者和关键词的新旧，直接在第 t 时间步新增论文中出现的所有作者与关键词之间建立全连接关系。但是 A-B 层网络中存在两种不同类型的有向边 $A_i \to B_i$ 和 $B_i \to A_i$，例如在有向边 $A_i \to B_i$ 中 A_i 作为有向边的发起方又称为自我节点，B_i 作为有向边的接受方又称为改变节点。其中 $A_i \to B_i$ 类型的边中，边的数目表示作者研究领域的广度，边的权值表示作者在某一领域的研究深度；$B_i \to A_i$类型的边中，边的数目代表对 B_i 进行研究的作者数目，即 B_i 在科研人员中的受欢迎程度，边的权值与 $A_i \to B_i$ 类型中边的权值一样，表示作者在某一领域的研究深度。

② B-C 层网络增长。

由于机构和关键词之间的关系与作者和关键词之间的关系比较类似，因此，B-C 层之间的网络增长规则仍是在新增论文中所有机构与关键词之间建立直接的连接关系，并将 B-C 层网络中的边分为 $C_i \to B_i$ 和 $B_i \to C_i$ 两种有向边，分别代表机构的研究领域的广度和某领域知识在各机构中的研究分布状况。

③ A-C 层网络增长。

由于本书在研究过程中假设一个作者只属于一个机构，考虑到机构与作者间 $1:N$ 的从属关系，A-C 层网络中所有节点的 $A_i \to C_i$ 这种有向边的数目都为 1，没有分析意义，所以 A-C 层网络中只考虑 $C_i \to A_i$ 这种有向边，边的数目代表机构内有科研产出的作者数量，边的权值代表作者的科研产出数量。新增论文中如果是老作者的话，直接加强其与所在机构之间已有连接关系的连接强度，然后在满足每个新机构都有一个作者连接的前提下，将剩余的没有所属机构的作者以随机概率同与其共现的机构建立连接关系。

5.3　学术共同体元网络模型演化仿真

5.3.1　蒙特卡洛数值模拟分析

依据前文所述的学术共同体网络模型演化规则，用蒙特卡洛数值模拟方法生成论文中的作者数量和其中的旧作者数量，并根据作者数量生成论文中对应的关键词数量、老关键词数量、机构数量、旧机构数量，通过设置相应模拟参数，运用 MATLAB 仿真分析软件模拟学术共同体网络演化过程，并通过统计网络节点的瞬时度数分析网络的度分布特征。

假设初始化网络状态下的论文的外部特征中的作者数为 4 个、机构数为 4 个，内部特征中的关键词个数为 5 个，在其演化过程的每一时间步向原有网络内添加一篇论文。部分初始条件设定如下：

根据表 5.3 中的作者合作人数统计，新增论文中作者人数的概率为 $p_2 = 0.5065$，$p_3 = 0.3212$，$p_4 = 0.1127$，$p_5 = 0.0371$，$p_6 = 0.0153$，$p_7 = 0.0035$，$p_8 = 0.0037$；旧作者人数的概率根据作者人数分别取值，如表 5.3中作者数 $i = 2$ 时旧作者人数的概率为 $S_0 = 0.3997$，$S_1 = 0.3333$，$S_2 = 0.2670$；根据新增论文中作者数量、论文中机构数和关键词数的同步共现概率分别如表 5.4 和表 5.5 所示。

表 5.3　不同作者数条件下的旧作者数共现概率表

旧作者数 \ 作者数	2	3	4	5	6	7	8
0	0.3997	0.3138	0.2905	0.3203	0.2304	0.3330	0.3077
1	0.3333	0.2606	0.2021	0.1719	0.1731	0.0835	0.3077
2	0.2670	0.2362	0.1804	0.1328	0.0770	0.0835	0.1539

续表

作者数 / 旧作者数	2	3	4	5	6	7	8
3		0.1894	0.1854	0.1875	0.0574	0.1667	
4			0.1416	0.0547	0.1731		0.0769
5				0.1328	0.0770	0.0833	0.0769
6					0.2120	0.0833	0.0769
7						0.1667	

表 5.4 不同作者数条件下的机构数共现概率表

作者数 / 机构数	2	3	4	5	6	7	8
1	0.532	0.466	0.398	0.508	0.453	0.250	0.231
2	0.468	0.328	0.404	0.281	0.340	0.333	
3		0.206	0.157	0.156	0.112	0.333	0.385
4			0.041	0.023	0.057		0.154
5				0.032	0.019	0.084	0.077
6					0.019		
7							
8							0.153

表 5.5 不同作者数条件下的关键词数共现概率表

作者数 / 关键词数	2	3	4	5	6	7	8
2	0.0114	0.0009	0.0051				
3	0.0080	0.2408	0.1825	0.1719	0.2453	0.2500	0.1539
4	0.2350	0.4139	0.4139	0.4297	0.5000	0.3333	0.3077
5	0.4099	0.2372	0.2776	0.2656	0.2147	0.2500	0.3846
6	0.2442	0.0794	0.0977	0.0781	0.0400	0.0833	0.0769
7	0.0755	0.0144	0.0129	0.0078		0.0834	0.0769
8	0.0120	0.0054	0.0077				
9	0.0034			0.0234			
10	0.0006	0.008	0.0026	0.0235			

5.3.2　同质网络演化节点度分布特征统计

当时间步长 $t=3453$ 时，学术共同体网络中同质网络的节点度分布双对数坐标图如图 5.2 所示，其中横坐标为节点度值，分别代表作者的合作对象数目、关键词的共现数、机构的合作对象数目，纵坐标为相应度值的节点数在所有节点中的比率。由图 5.2 可知，三组度分布数据都具有均匀和幂律双重混合分布的特点，具有无标度网络的特征，其中度值较小和较大时呈现均匀分布的特点，中间阶段呈现出幂律分布的特点，整体度分布长尾现象较为明显，且出现“垂头”现象。图 5.2 中合作对象较少的节点所占的比重较大，机构层节点度较大的节点所占比例相对作者层、关键词层较高，主要是作者、知识具有分散性，机构数达到一定程度后呈收敛趋势，例如随着时间步的延长有很多新的作者不断加入研究队伍中，基于知识的更新老化规律不断有新的知识点被研究，而机构规模在增长过程中增长速度逐步放缓，特别是在增长到一定程度后规模数趋于稳定，这一现象也从侧面验证本书所述方法的合理性。

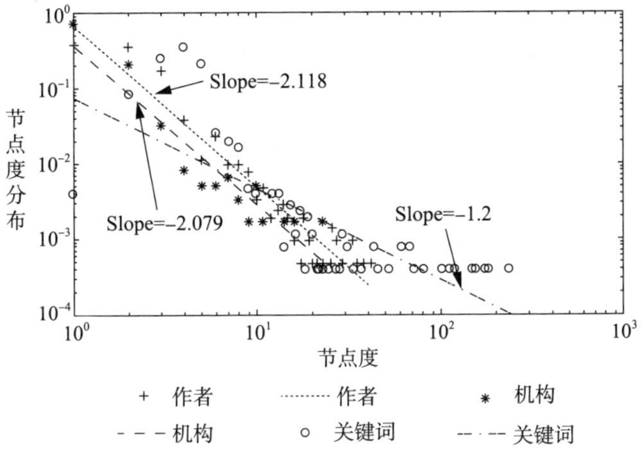

图 5.2　同质网络节点度分布

5.3.3 异质网络演化节点度分布特征统计

当时间步长 $t=3453$ 时，学术共同体网络中异质网络的节点度分布双对数坐标图分别如图 5.3、图 5.4、图 5.5 所示。与同质网络中边的无向性不同，异质网络演化过程中不同方向的边有着不同的内涵。图 5.3 为机构中作者数量分布图，横坐标中的节点度代表机构中作者的数量，纵坐标中的节点度分布代表有着不同作者数量的机构在所有机构中的比率。图 5.3 中度分布具有均匀和幂律双重混合分布的特点，绝大部分节点的度数较小，说明绝大部分一般机构中能够发表 CSSCI 层次以上科研论文的作者数量较少；极少节点的度数较大，说明一些重要机构中存在比较多的有高层次科研产出的作者，这些机构的人才优势明显。这一现象也直接反映了我国科研机构中人才资源分布严重不均的客观现象，特别是机构在地域上的东、中、西部差异及大城市与中小城市的差异较大。

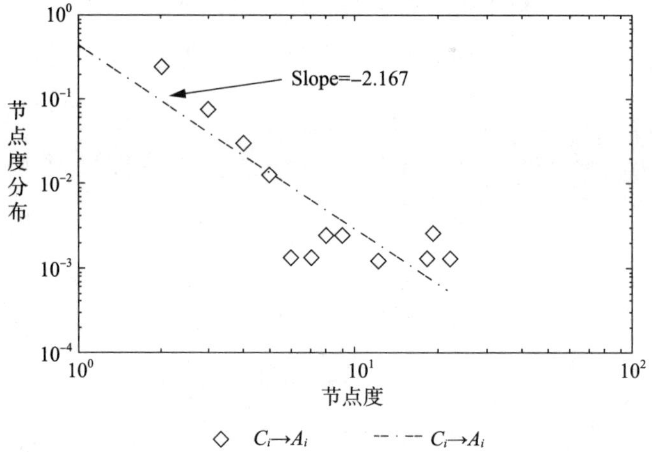

图 5.3 机构中作者数量分布

图 5.4 中横坐标分别代表作者的研究内容广度、机构的研究内容广度，纵坐标为相应度值的节点数在所有节点中的比率。图 5.4 中两条有向边的节点度分布特征具有较大相似性，节点度为 2 时节点比例很小，

说明很少有机构或者作者研究论文中的关键词只有两个，这类情况通常为样本数据中作者或机构只参与发表一篇论文，且这篇文章中只有两个关键词；节点度为 3~6 时属于均匀分布，此类作者和机构主要也是只参与一次有 3~6 个关键词的论文写作；节点度较大时的节点比率较小，但是属于均匀分布，说明有着数量较少且较为均衡的作者或机构研究范围涉及较广，参与了较多论文的写作，这类节点主要为论文高产作者及其所在的机构。

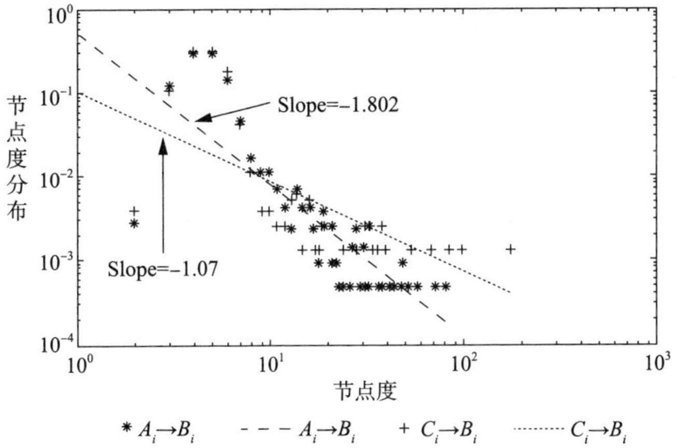

图 5.4　作者、机构关于关键词的度分布

图 5.5 中横坐标分别代表关键词被多少个具体的作者或机构作为研究对象进行研究，即在作者或机构中的受欢迎程度，纵坐标为相应度值的节点数在所有节点中的比率。节点度为 1 和 2 时节点呈现均匀分布，且节点度值较大，说明绝大部分关键词仅在个别作者或机构研究论文中出现，这主要是因为关键词没有经过规范化处理，不同作者对同一问题的研究可能会用不同的关键词表述；中间部分属于幂律分布；节点度数较大时的节点所占比例较小，且逐渐出现长尾现象和均匀分布现象，说明存在数量较少且较为均衡的关键词被较多的作者和机构作为研究对象

进行研究，这类节点主要为一些研究热点，但是随着研究时间的推移，作者或机构的研究热点会发生转移。

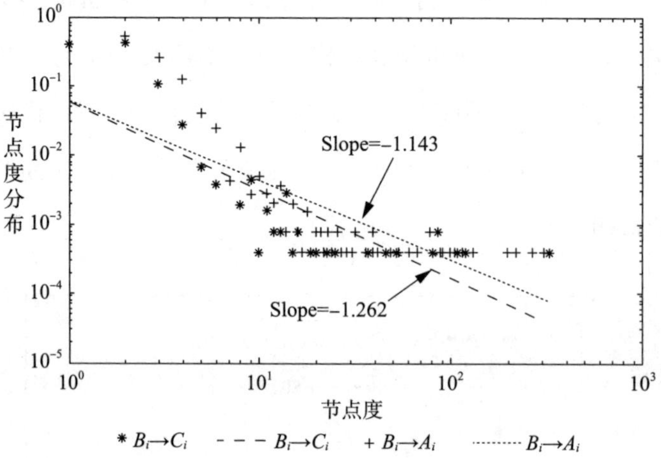

图 5.5 关键词关于作者、机构的度分布

5.4 实证分析

5.4.1 数据来源及数据预处理

论文写作是一项具有“共同学习、合作创新”特征的创新活动，而期刊论文作为科研人员科研活动的结晶，具有较强的代表性、时序性和规范性，这些特征能够较好地满足本章元网络分析的视角，因此本部分在进行实证分析时选取期刊论文中的作者、机构、关键词三个要素进行分析，通过与仿真结果进行对比，验证本书所述模型的准确性。

对科研合作网络演化规律的仿真结果进行验证时需要大量的数据支撑，考虑到 CNKI 的权威性和其收录范围的全面性，本书以 CNKI 中国学术期刊网络出版总库为数据源，学科领域设置为“图书情报与数字图书馆”二级类目下的“情报学、情报工作”范围内的“CSSCI 来源期刊”，于 2016 年 12 月上旬对 2012—2016 年的论文按照年份进行分段检索，共检索到 4947 条记录，其中含有 4771 篇有效论文，3453 篇为合作论文，72%的合作论文率说明科研合作行为在科研活动过程中已经非常普遍，验证了本书从元网络分析视角对学术共同体网络结构进行分析的必要性。

5.4.2　论文基本数据统计

由于独著论文中作者和机构数目均为一个，在网络演化过程中新增的为孤立节点，在度分布统计过程中不具有实际意义，因此本书选择 3453 篇样本数据进行实证分析。对样本数据中作者、机构、关键词数量的统计结果如图 5.6 所示，可知随着作者数量、机构数量、关键词数量的增加，论文数量均基本呈现下降趋势，约 93%的样本论文中作者数介于 2~4，约 98%的样本论文中机构数介于 1~3，约 89%的样本论文中关键词数介于 3~5。这些指标都能反映出情报学作为社会科学研究分支所特有的研究范式，研究过程中需要的合作对象较少，合作机构数目相应较少，且合作论文中同一机构内部科研人员间的合作占很大比重，关键词数量较少，代表了相关知识间的融合程度较低。

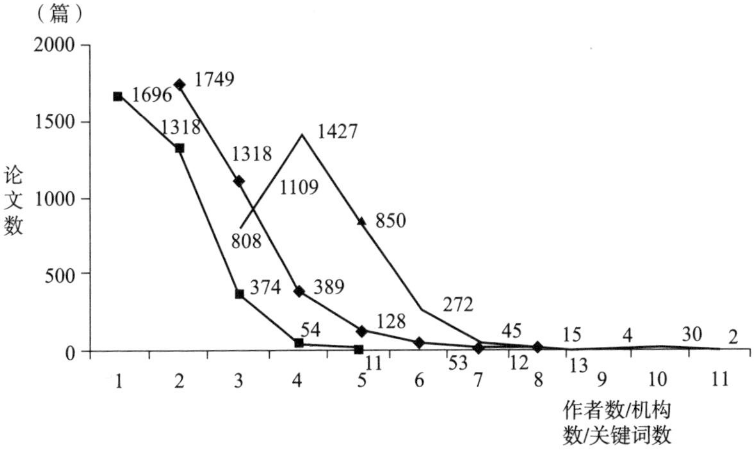

图 5.6　论文中作者、机构、关键词数量统计图

5.4.3 学术共同体元网络的度分布

（1）同质网络节点度分布特征统计。

图5.7中三组度分布数据都具有均匀和幂律双重混合分布的特点，具有无标度网络的特征，三者在节点度为1~3时节点所占的比例相对较大，基本呈现出均匀分布的特点；随着节点度数的增大，呈现出较为明显的幂律分布趋势，即随着节点度数的增加相应节点度数的节点数量逐渐减少；当节点度数达到一定程度后，三者均呈现均匀分布的情况，即当三种类型的节点度数较大时，相应节点度数的节点数量较少且数值较为均衡。以作者的度分布情况为例，作者合作对象数量为1~3时的作者数量在样本数据中所占比重相对较大；随着作者合作对象数量的增加，作者数量在样本数据中所占的比重逐渐减小，当作者合作对象数量大于30时，此类作者在样本数据中的比重非常低且相互间数量较为一致。另外，关键词的度数最大值远远超过作者和机构的度数最大值，主要是因为网络信息环境下情报学领域的研究对象越来越广泛且关键词没有经过规范化处理。

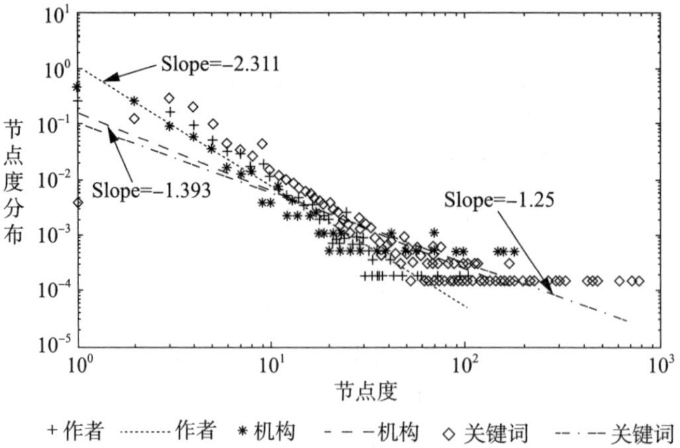

图5.7 实证数据中同质网络节点度分布

（2）异质网络节点度分布特征统计。

图5.8中横坐标代表样本数据的机构中参与发文的作者数量，纵坐标代表相关机构在所有机构中的比率。由图5.8可知，随着样本数据中机构的作者数量增加，机构的数量越来越少；当机构中的作者数量增加到约20位时，机构分布呈现出均匀分布的特征，经过对原始数据的分析，这类机构主要为武汉大学信息管理学院、南京大学信息管理学院、中国科学技术信息研究所、吉林大学管理学院、中国科学院文献情报中心等具有良好师资结构和硕士、博士招生资格的机构。

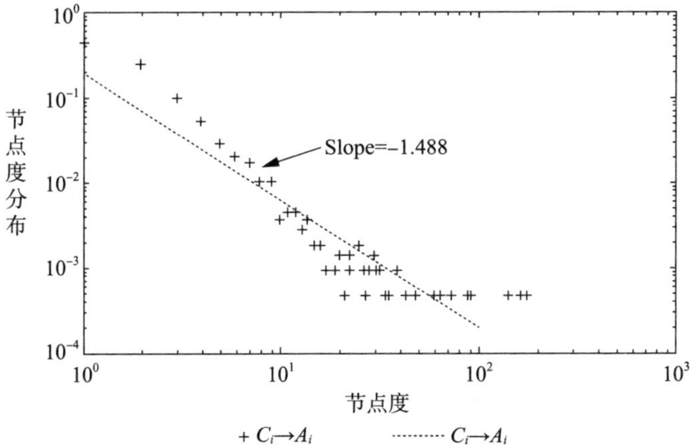

图5.8　实证数据中机构作者数量分布

图5.9中横坐标分别代表作者的研究内容广度、机构的研究内容广度，纵坐标为相应度值的节点数在所有节点中的比率。由图5.9可知，实证数据中作者和机构关于关键词的度分布也呈现出明显的均匀与幂律双重混合分布的特征，机构或作者研究论文中的关键词只有两个的可能性很小，只存在于极少数文章中；作者和机构参与研究的所有论文中不同的关键词总数为3～5时的作者或机构总数最多；随着研究论文中关键词的增多，作者或机构的数量呈下降趋势。图5.9中机构的最大度值

远远高于作者的最大度值且度数较大时机构的分布水平高于作者的分布水平，主要是由于机构中可能存在较多研究方向不同且发文较多的作者，并且与作者相比，机构整体数量较少，发文较多的重要机构比较集中。

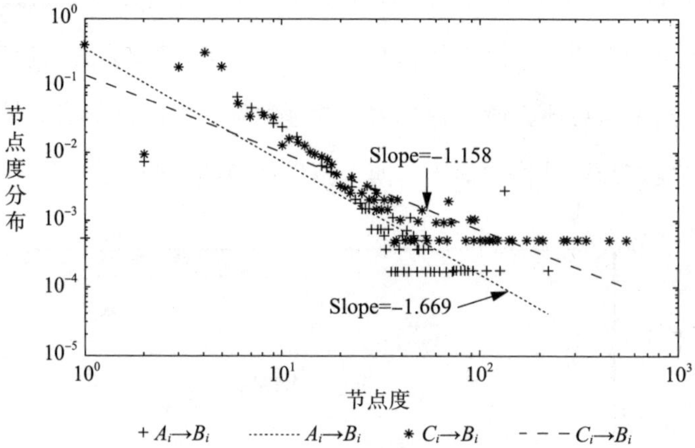

图 5.9　实证数据中作者、机构关于关键词的度分布

图 5.10 中横坐标分别代表关键词被多少个具体的作者或机构作者研究对象进行研究，即在作者或机构中的受欢迎程度，纵坐标为相应度值的节点数在所有节点中的比率。图 5.10 中的幂律分布说明随着参与研究相关关键词的作者或机构数量的增加，关键词的数量呈现下降趋势，均匀分布比较受作者或机构喜欢，研究的关键词在整体样本中的比重较为一致但较低，这类关键词一般为交叉性、融合性比较强的热门理论或方法，能够与其他的理论、方法相结合或者能够直接应用于其他领域。

5.4.4　学术共同体元网络模型仿真比较

通过对比第 5.3 节的模型仿真结果与第 5.4 节的实证分析结果可知，相关的度分布图中的节点度分布幂律指数的值虽然具有一定差异性，但考虑到本书所述演化模型不可能与实际模型的演化过程一致，而

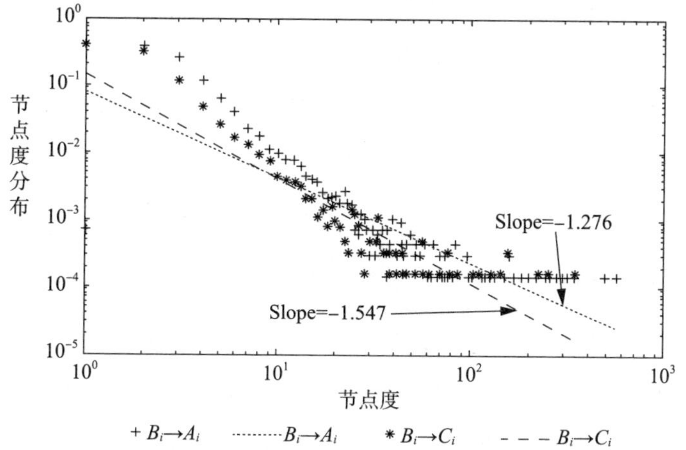

图5.10 实证数据中关键词关于作者、机构的度分布

且这种差异性也是在合理的误差范围之内，仿真结果与实证结果都呈现出均匀分布、幂律分布的特征，因此仿真结果能够较好地拟合实证结果，例如图5.4与图5.9中作者与机构研究的关键词数量为2时，相应节点的度分布都相对较低。这种根据蒙特卡洛数值模拟方法进行仿真的结果，从网络宏观度分布特征和微观特征上都验证了本书所述学术共同体网络演化模型的正确性与合理性。

5.5 实证网络的可视化展示

5.5.1 同质网络的可视化展示

图5.11、图5.12、图5.13分别是三种同质网络的可视化展示，由于样本数据较多，本部分通过对三种节点分别设置阈值的方式抽取出相应的对象进行分析，作者、机构、关键词三者的阈值分别为5、4、5，即在三种类型节点中选取出大于阈值的节点分别构建作者合作网络、机

构合作网络、关键词共现网络。

（1）作者合作网络可视化展示。

图 5.11 为利用 Louvain 社团识别算法[158]对作者合作网络进行划分并利用节点颜色对划分结果进行可视化展示的结果。图 5.11 中作者合作网络的密度为 0.0280，网络连通性不好，网络外部边缘存在大量的孤立节点，原因是这些作者与本部分样本数据中的其他作者不存在合作关系；外部边缘层与网络核心层之间的中间层存在一些规模较小的子网和一些双核型子网，这类子网内部联系紧密但与其他子网间没有直接的联系，说明这些团队内部交流较多但是外部交流不够充分，与外界没有形成良好的交流机制；网络中间部分存在一个拓扑结构类似于星形网络的、规模较大的子网，该子网以武夷山等中间子网的核心节点为中心向四周扩散，其中有 6 个较大的社团，如该子网右侧分别形成了以邱均平、赵蓉英为核心节点的两个团体，且这两个团体间的关系较为密切，很多团体成员间存在合作关系，宋艳辉作为中间节点在团体间起着“桥梁”作用。

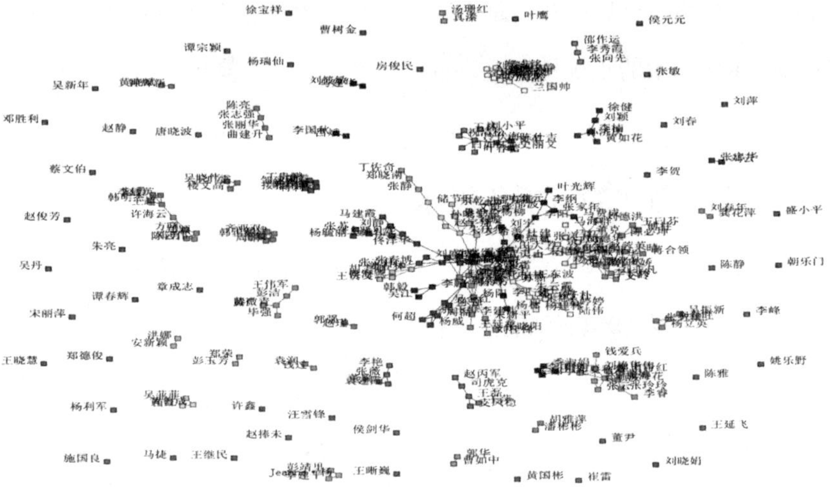

图 5.11　作者合作网络

（2）机构合作网络可视化展示。

利用 Louvain 社团识别算法对机构合作网络进行划分并利用节点颜色对划分结果进行可视化展示，结果如图 5. 12 所示。图 5. 12 中机构合作网络的密度为 0. 0283，该网络与图 5. 11 中作者合作网络有较大的相似性，网络边缘部分都存在较多的孤立节点；中间层也是存在一些个别机构间合作的双核型子网或者规模较小的子网，这类子网主要是同一院校内部不同科研主体机构间的合作或者同地区的机构合作，例如大连理工大学图书馆与大连理工大学管理科学与工程学院间的机构内合作、北京师范大学教育学部与中国人民大学书报资料中心间的同地区机构合作；网络核心部分是一个由较多机构组成的核心子网，核心子网由几个规模较大的机构合作团体构成，一些机构在其团体网络中居于核心地位，有着较强的控制资源的能力和中介能力，这些机构及其主要的合作机构如表 5. 6所示。虽然高铁、飞机等现代化交通运输和光纤通信、卫星通信、移动通信等现代通信技术为机构间合作提供了很多便利，但是通过分析表 5. 6 中这些核心机构的合作机构可知，机构合作的地区性现象非常明显，另外，这些核心机构间及与其同级的机构有较多合作，与较低层次的机构特别是偏远地区的基层机构基本不存在合作现象。整体而言，该网络中的小团体现象不明显，主要机构间特别是核心子网中机构网络的连通性较好，没有直接合作的机构间也能通过中间节点以较低的最短路径长度作为潜在的合作机构建立连接关系。通过对机构合作网络的比较研究能够及时把握整个合作网络的发展态势，并分析网络中几个有影响力的合作团体，说明跨机构合作是促进学科领域研究发展的有效措施[159]。

图 5.12　机构合作网络

表 5.6　核心机构及其合作机构

核心机构	合作机构
南京大学信息管理学院	中国科学技术信息研究所、南京中医药大学经贸管理学院、江苏省数据工程与知识服务重点实验室、扬州大学信息工程学院、安徽大学管理学院、南京理工大学经济管理学院、嘉兴学院商学院、南京邮电大学计算机学院、南京医科大学图书馆、中国科学院大学、吉林大学管理学院、中国科学院成都文献情报中心、上海大学图书情报档案系、江苏科技大学图书馆、安徽财经大学管理科学与工程学院
武汉大学信息管理学院	南方电网科学研究院、华中师范大学信息管理学院、北京工业大学经济与管理学院、中国科学院武汉文献情报中心、湘潭大学公共管理学院、武汉东湖新技术开发区管委会、中国科学技术信息研究所、中国科学院大学、中山大学资讯管理学院、安徽大学管理学院、南京理工大学经济管理学院
中国科学技术信息研究所	南京大学信息管理学院、北京大学信息管理系、北京万方软件股份有限公司、南京大学信息管理系、安徽财经大学管理科学与工程学院、东北师范大学计算机科学与信息技术学院、南京大学中国社会科学研究评价中心、辽宁省科学技术情报研究所、武汉大学信息管理学院、北京市科学技术情报研究所、郑州大学信息管理学院、华东师范大学商学院信息学系、陕西省科学技术信息研究所、华中师范大学信息管理系、河北大学管理学院、北京师范大学图书馆、北京林业大学经济管理学院、南京信息工程大学经济管理学院

续表

核心机构	合作机构
吉林大学管理学院	东北电力大学经济管理学院、东北师范大学计算机科学与信息技术学院、南京大学信息管理学院、天津大学教育学院、武汉大学信息资源研究中心、黑龙江大学信息管理学院、哈尔滨师范大学图书馆、天津科技大学图书馆、东北师范大学图书馆、武汉大学信息管理学院、中国科学技术信息研究所、中国科学院大学、中国科学院文献情报中心、北京大学信息管理系、中山大学资讯管理学院
北京大学信息管理系	中国国防科技信息中心、中国科学技术信息研究所、中国科学院国家科学图书馆、中国科学院大学、中国人民大学信息资源管理学院、北方科技信息研究所、中国科学院研究生院、山东理工大学科技信息研究所、南京农业大学信息科学技术学院、嘉兴学院商学院、北京大学图书馆、山东理工大学商学院、工业和信息化部电子科学技术情报研究所

（3）关键词共现网络可视化展示。

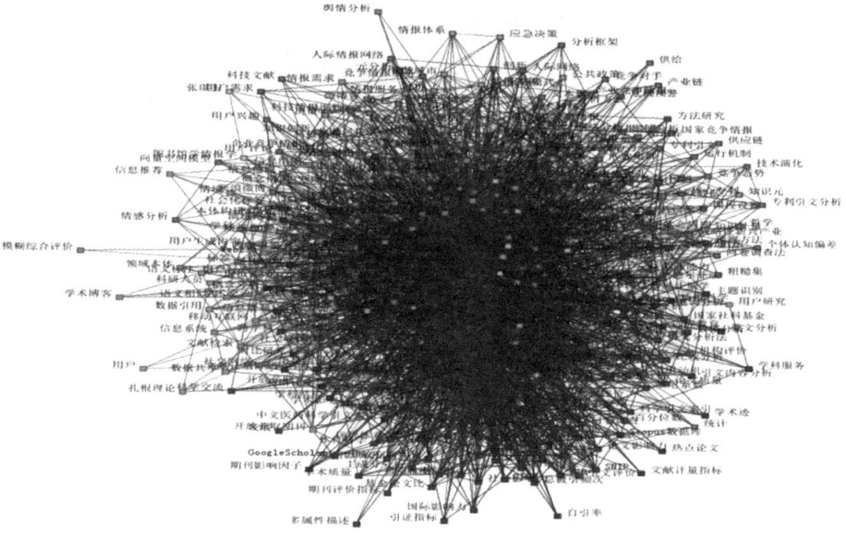

图 5.13　关键词共现网络

利用 Louvain 社团识别算法对关键词共现网络进行划分并利用节点颜色对划分结果进行可视化展示，结果如图 5.13 所示。由图 5.13 可知，关键词共现网络中不存在孤立节点，任意两个关键词间都有路径进行连接，网络整体密度为0.134，网络连通性较好。经过对关键词词频的统计分析，文献计量、知识图谱、竞争情报、社会网络分析、引文分析、共词分析等成为样本数据中研究的热点，且这些热点词之间也有着较大的共现频率，说明我国的情报学作为一种交叉性研究学科，研究内容不断扩展、研究方法不断更新，能够较好地对研究对象进行交叉研究，实现知识的聚合，例如利用社会网络分析方法分析作者合作、机构合作、引文分析等在我国情报学领域的研究中已经形成了固定的研究范式。

5.5.2 异质网络的可视化展示

由于第5.5.1节中同质网络可视化展示中三种类型的节点数量较多，为了更好地展示学术共同体多层网络结构，本部分在构建多层元网络时分别将作者、机构、关键词的阈值设置为10、16、20，共筛选出67位作者、42个机构、74个关键词进行分析。图5.14中正方形节点代表关键词，下三角形节点代表作者，上三角形节点代表机构，网络连通性较好，不存在孤立节点，节点中不同的颜色代表利用Louvain社团识别算法所得到的学术共同体的分组情况，网络中存在几个联系比较紧密的学术共同体，共同构成了我国情报学领域综合学术共同体网络。

通过对样本数据的分析，发现我国情报学领域的研究力量分布具有如下特征：

(1) 从研究人员的机构分布来看，我国情报学领域的研究人员在机构间的分布具有较大的差异性，优秀的研究人员主要集中在一些重点研究机构。研究人员的分布不均会进一步拉大机构间的差距，导致重点机构的科研成果越来越多，对优秀科研人员的吸引力越来越大，一般机构的科学研究则会陷入“恶性循环”。此外，科研人员间的合作主要还是机构内部的合作，合作关系主要是同事、同学、师生关系。

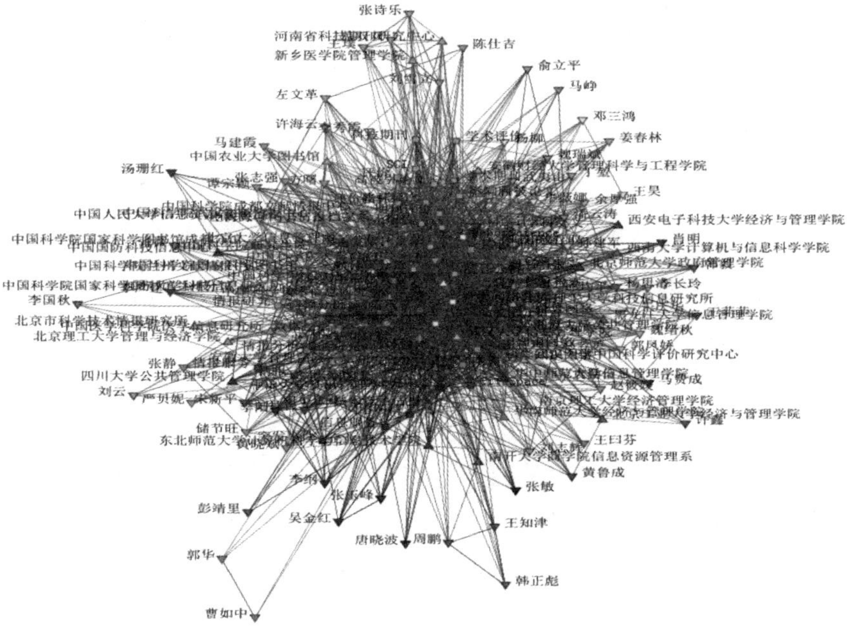

图 5.14　机构—作者—关键词多层异质网络的可视化展示

（2）从合作的机构与地区来看，重点研究机构与其他机构的交流频繁，特别是重点机构间的强强合作现象明显，一般机构与其他机构的合作比较匮乏，甚至一些机构不存在与其他机构的合作。从机构所在地区来看，重点研究机构主要分布在一线城市和省会城市，受经济发展水平的影响，东、中、西部和一线、二线、三线等城市之间的科研人员和科研机构的分布具有明显差异；此外，无论是重点机构还是一般机构，其区域性合作比较明显，但是重点机构受这种影响较小。

（3）从研究对象的广度和深度来看，重点机构研究人员由于自身发展的需要和应对外部竞争压力的需要，通过科学研究不断优化知识体系，从而有着较多的科研成果；重点机构因为有着较多的研究人员，研究对象的范围比较广，而且取得的累计科研成果较多，而一般机构由于科研人员较少且科研人员的研究对象主要集中在个别领域，从而形成科研成果不多且质量不高的局面。

5.6 本章小结

学术共同体随着科研活动的开展自发存在，从元网络视角研究学术共同体的网络结构对于优化学术共同体网络结构、推进科研创新有着重要的指导意义。本章首先从定性分析的角度对学术共同体的演化动因、演化机制、演化规则等的基本理论进行了阐述；其次介绍了学术共同体网络的元网络表示方法，并对学术共同体网络演化模型进行了概述；再次根据前文所述模型，利用 MATLAB 对学术共同体网络演化模型进行了仿真，根据实证数据，利用蒙特卡洛数值模拟方法设置相关参数，分别对同质网络和异质网络的节点度分布特征进行了分析；最后统计实证分析的结果并与仿真结果进行比较，利用 ORA 软件对学术共同体网络进行了可视化展示。

本章的主要结论如下：

（1）学术共同体网络是一个由作者、关键词、机构三种类型节点组成的多层网络，根据节点的属性，学术共同体网络可以分为作者合作网络、关键词共现网络、机构合作网络等三层同质网络和作者—关键词、作者—机构、机构—关键词等三层异质网络，其中同质网络为无向网络、异质网络为有向网络。

（2）随着科研活动的不断进行，学术共同体网络结构不断变化，作者作为知识的载体和机构的科研主体，也是学术共同体网络的主体，在学术共同体网络演化过程中其他层次的网络应该根据作者层网络的演化情况同步演化。

（3）学术共同体网络中的同质网络和异质网络均具有“均匀与幂律

双重混合分布”特点，具有无标度网络的特征，节点度数较大时出现“垂头”现象。

（4）实证分析与仿真模型的度分布特征具有较大的相似性，验证了本章所构建的学术共同体网络演化模型的科学性与合理性。

第6章

基于学术偏好的科研合作对象推荐研究

科研论文作为展示、积累学术成果的主要载体，是科研人员智力劳动成果的普遍形式。科研人员合作发表科研论文为科研合作的主要表现形式，这种共同署名一篇科研论文的多位科研人员之间的关系就是作者合作关系，这种合作也被称为直接合作或者显性合作。相对而言，没有建立直接合作关系的科研人员间存在潜在合作的关系，挖掘科研人员间潜在合作关系的关键在于衡量科研人员间学术偏好的相似度，而科研人员在科研论文中的学术偏好主要通过其知识吸收(引用参考文献)和知识产出(标引论文关键词)两种类型的学术行为表现出来。因而本章从科研论文角度对科研人员知识吸收和知识产出的学术行为进行共现分析，通过不同类型的共现关系反映科研人员间的学术偏好相似性，并通过整合不同类型共现关系的整体共现强度衡量科研人员间学术偏好的整体相似度大小，最后筛选出相似度较大的 TOP N 位科研人员作为潜在合作对象进行推荐。

6.1 学术偏好与科研合作对象推荐

6.1.1 基于共现关系的学术偏好概述

D. Z. Zhao 提出利用科研成果中的文献共现强度衡量科研人员间的

关系[160]。Steven A. Morris 认为通过共同的词语联系到一起的文献间的研究主题可能具有相似性[161]。基于这种耦合形式的共现关系较强的可拓展性，本书将这种共现关系拓展到作者层次，从形式上来看，不同作者所发表的论文通过使用相同的关键词能够建立作者关键词共现关系，不同作者所发表的论文通过共同引用一篇文献能够基于引用文献的共现关系建立共引关系，不同作者所发表的论文被一篇论文同时引用能够基于被引用文献的共现关系建立共被引关系，这三种类型的共现关系对于衡量科研人员的学术偏好具有重要的参考价值。简单来说，本书所述的作者共现关系是指以论文作者共同的学术行为(文献共引、文献共被引、关键词标引等)为基础建立的关系，作者的这种主动或被动的学术行为形成的共现关系反映了作者之间学术偏好的关联。

由于本书将科研人员的学术行为分为知识吸收和知识产出两种类型，从这一角度而言，作者共现类型可分为作者引文共现和作者关键词共现两种类型，根据引用关系的性质又将引文共现细分为共引关系和共被引关系。

(1) 作者关键词共现。

关键词作为描述文献内部特征的重要词汇，是期刊论文的高度概括性词语，代表了论文的研究内容和作者的研究方向，也能够起到标识作者学术偏好的作用[162]。通过共同的关键词联系到一起的文献可能具有共同的研究主题，同理，使用相同关键词的作者在研究内容或研究方法等方面也具有学术偏好相似性，因此可以通过作者所发表文献中关键词的共现频次衡量作者间的潜在合作关系强弱，进而以这种关系生成的邻接矩阵为基础进行分析[163]，共现频次越高的作者间学术偏好相似度越高，建立合作关系的可能性越大。

（2）作者共引。

参考文献在文献中有着重要的知识承续功能，美国麻省理工学院的Kessler教授在对期刊进行引文分析时发现越是学科、专业内容相近的论文，其参考文献中相同文献的数量就越多[164]。参考文献可以标识学科、专业的研究主题，本书将这一理论拓展为参考文献也可以标识作者的研究主题，即不同的作者所发表论文的参考文献中相同的文献越多，则他们的学术偏好越相似。作者之间的引用是由社会和文化因素的参与和作用形成的[165]，作者间这种共同引用相同文献的关系为共引关系，且共引文献越多作者间学术偏好相似度越高。

（3）作者共被引。

共被引分析是一种文献计量学方法，通过分析不同作者发表的文献同时被其他文献引用的情况确定作者间研究兴趣的距离[166]。与作者共引关系相反，作者共被引是指两个或多个作者所发表的文献同时被一篇文献引用，文献的参考文献列表之间的关系即属于共被引关系。作者共被引分析法自H. D. White提出后被大量学者广泛应用于知识结构的研究[167]。作者共引和作者共被引这两种引用关系都能标识作者学术偏好的相似性，区别在于作者共引关系属于作者的主动性学术行为，共引关系的强度由作者控制，作者共被引则是一种被动性关系，关系的强度不由作者决定[168]。

6.1.2　共现网络的构建及关系强度

作者共现关系可以通过作者共现网络进行表达，作者共现网络在构建过程中首先基于行动者集合与事件集合的关系构建2-模数据矩阵，然后将其转化为表达行动者集合关系的1-模数据矩阵。在行动者集合都是作者的前提下，如果事件是关键词，则构建的是作者—关键词的2-模数据共现网络；如果事件是发表论文中的引用文献，则构建的是作者—引用文献的2-模数据共引网络；如果事件是发表论文中的被引用文献，则构建的是作者—被引用文献的2-模数据共被引网络。本章在研究过程中分别构建了作者关键词共现、作者共引、作者共被引三种类型的作者共现网络作为研究对象，虽然这三种共现网络的理论来源本身存在较大差异，但是都能从节点连接偏好角度反映科研人员间的学术偏好相似性，其网络的构建过程也都是通过2-模网络转化为1-模网络的过程进行统一描述。

三种共现网络中节点都代表作者，虽然这三种网络基于的事件不同，网络中节点之间的连接关系所代表的含义不同，但是这三种关系都可以通过共现强度衡量。马瑞敏等[169]对作者共现强度的算法进行了总结：简单算法，不考虑同一事件重复共现的情况，仅考虑基于不同事件的累计共现频次；最小值算法，考虑同一事件重复共现的情况，通常取两两作者在同一事件的较小值，然后按照共现频次进行累加统计；组合算法，仍考虑事件的重复共现情况，但是算法的最小值与最小值取值算法中不同。本书分析的三种对象中关键词之间是不重复的并列关系，一般根据累计频次利用TF、IDF方法设置权重，虽然被引文献间可能存在一篇文献被另外一篇文献多次引用的情况，共引文献间可能存在同时引用多篇相同论文的情况，相关研究一般也是采取累计频次的方法加权。从研究主体和研究客体的角度来看，这些加权方式都是根据研究客体中具体研究对象的特征进行加权，没有考虑研究主体在论文写作过程中的科研贡献度，这种贡献度也代表了相关科研主体对研究对象的研究或应用深度，因此本书从科研主体在论文写作过程中的科研贡献度角度出发，基于作者在论文中的署名顺序对三种共现关系中的事件进行加权。

在由多位作者共同署名的论文中，署名的先后顺序代表了在相关科研活动及论文写作中贡献的大小，本部分将这一理念引入三种共现关系网络的构建中，认为署名顺序代表了相应作者对论文内容的研究深度，例如由于署名顺序靠前的作者对论文写作的贡献度更大，其对关键词和参考文献的研究深度更深。苏新宁在《中国人文社会科学学术影响力报告》中将每篇论文的作者总权重设为1，按照参与合作的作者数固定分配每位作者的权重。在衡量每位作者对关键词的研究深度时，本书比较认同单篇论文贡献一个单位权值的观点，在分析过程中引用《中国人文社会科学学术影响力报告》中提出的计算作者发文量的标准，对于多作者合著论文的情况，不再使用简单的频次累计方法，将论文中每个事件的作者总权重设为1，例如将每个关键词的作者总权重设为1，如果作者所发论文中含有某个关键词，则作者与关键词对应单元格的数值根据作者在相应论文中的署名顺序进行加权设置。具体计算方法和标准如表6.1所示[170]。

表6.1 作者科研贡献度

作者数	第一作者	第二作者	第三作者	第四作者	第五作者	第六作者
1	1					
2	0.6	0.4				
3	0.6	0.25	0.15			
4	0.6	0.2	0.1	0.1		
5	0.6	0.1	0.1	0.1	0.1	
6	0.6	0.1	0.1	0.1	0.05	0.05

6.1.3 学术偏好在科研合作对象推荐中的应用

由于研究领域的专业化、研究内容的复杂化，寻求相关专业领域有共同研究方向或知识结构互补的科研合作对象进行科研合作已经成为科研创新的必备条件。由于机构内合作对象研究方向的差异性和合作资源的有限性，仅靠机构内合作已无法满足重大科研项目的研究需要，虽然随着交通、通信水平的显著提高，科研合作受区域间实际物理距离的影响已经越来越小，跨区域、跨机构的作者合作现象越来越多，然而因为科研人员认知水平和认知能力的有限性，无法充分掌握其他机构科研人员的知识结构和研究水平，从而无法选择其最优的潜在合作对象。因此如何通过挖掘科研人员间的潜在合作关系为科研人员推荐合适的合作对象已成为影响科技创新与经济社会发展的时代性问题。

随着信息传播技术的发展和信息载体工具类型的多样化，知识资源呈现多模、异构、分散、海量的特点，而科研项目的重大创新必须依赖于科研团队对多学科知识的深度融合，“知识过剩”问题已成为科研人员进行“知识创新”的主要障碍，严重影响科研人员的学术创新水平。学术偏好模型作用下的科研合作对象选择的模式发生质变。如图 6.1所示，之前科研人员寻找合作对象的模式属于无序的、单一的被动服务模式，由于科研人员对知识资源的内容、质量、形式等具有层次性、个性化和多元化的偏好需求，这种被动合作对象选择模式已经不能满足科研人员的科研需求；通过识别科研人员学术偏好、提取科研人员学术偏好等环节构建科研人员学术偏好模型，并将科研人员学术偏好与科研专家库的科研人员学术偏好进行规则匹配，实现主动为科研人员推荐合作对象的选择优化过程；经过优化，科研人员选择合作对象的模式向科研人员学术偏好匹配的主动推荐模式转型[171]，优化后的推荐服务能够满足科研人员的个性化学术偏好，使科研人员能够提高获取学术资源的效率和质量，从而为科研人员的科学研究提供智力支撑。

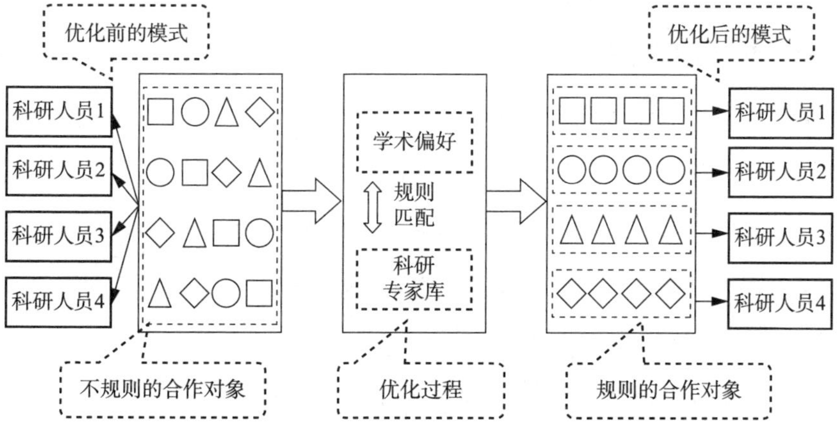

图6.1 基于学术偏好的科研合作对象推荐思路

科研人员的学术偏好是动态变化的，在不同的情境条件下科研人员的偏好不同。构建科研人员学术偏好感知模型首先需要识别科研人员学术偏好、提取科研人员学术偏好，然后根据科研人员学术偏好优化合作推荐模式，避免合作对象选择的盲目性、被动性和主观性。筛选合作对象时要求在保证一定查全率和查准率的基础上，根据学术偏好与科研专家库中科研人员的学术偏好的相似度匹配程度，将学术偏好较为相似的合作对象按照相似性倒序排列推荐给科研人员，保证科研人员能够快速、准确地找到合适的合作对象，因此必须从多维角度全面考虑科研人员学术偏好，通过构建多维视角下的科研人员综合偏好概念模型更好地满足科研人员的个性化学术偏好需求。

6.2 科研人员学术偏好模型构建思路

6.2.1 科研人员学术偏好模型

对科研人员学术偏好模型进行研究的最终目的是通过及时感知科研

人员的学术偏好，为科研人员推荐满足其最大化需求的 TOP N 位合作对象。模型运行流程大致为：科研人员学术偏好识别、科研人员学术偏好信息提取、科研人员学术偏好模型构建、科研人员学术偏好与科研专家库匹配、推荐、更新科研人员学术偏好模型等。科研人员学术偏好模型具有多层次的特征，本书认为其多层次递阶概念模型(见图 6.2)主要包括资源层、服务层、目的层、准则层、属性层。

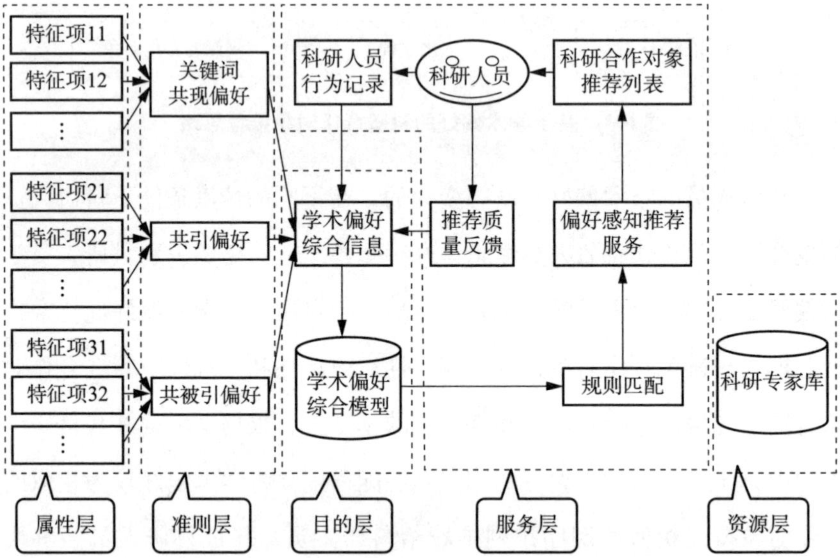

图 6.2　科研人员学术偏好模型

资源层即为科研人员推荐科研合作对象的科研专家库，科研专家库可以按照学科分类标准再进行进一步细分，另外，在收集科研人员信息时也需要添加标注信息，如通过对科研人员科研成果的分析评估其研究水平，这样在重大科研项目团队组建时筛选的成员既能满足项目的研究需要，也不会浪费高水平科研人员的研究精力。

服务层的主要功能是根据目标层科研人员学术偏好信息与科研专家库的相似性匹配结果，向用户推荐合适的科研合作对象，包括事前服务和事后服务两个阶段，前者主要进行规则匹配，后者主要进行推荐后相关反馈信息的收集，为进一步优化、更新模型提供源数据[172]。

目的层主要说明提取科研人员多方面学术偏好信息的最终目的，即构建多维视角下科研人员学术偏好感知模型，然后利用所构建模型通过挖掘科研人员学术偏好信息为科研人员推荐相对最优的科研合作对象。目标作为对目的的具体化概述，能够从多方面解析目的的内容，即准则层中所述内容。

准则层(目标层)主要定义科研人员学术偏好综合信息的具体来源，即为了实现模型最终目的，从哪几个维度识别和提取科研人员的学术偏好，本书从科研人员的关键词共现偏好、共引偏好、共被引偏好等方面考虑。

属性层主要是准则层内容的具体来源，是模型建立过程中所需的原始数据。

6.2.2　学术偏好的向量空间表示

科研人员学术偏好模型的正确表示有助于客观真实地挖掘科研人员学术偏好信息，能够提高科研人员在获取学术资源时的质量和效率，进而为科研项目的科研创新提供智力保障。目前关于偏好模型的表示方法主要有主题表示法、分类表示法、向量空间模型表示法，基于向量空间模型表示方法的广泛适用性、学术资源标识的文本特性，本书可以用空间向量模型(VSM)把每个科研人员三种共现关系的事件分别用向量进行表示，例如$A=[(f_1, w_1), (f_2, w_2), \cdots, (f_n, w_n)]$，其中$A$表示基于关键词共现待标记的科研人员，$f_i$表示对应的特征项，也就是科研人员所发表论文中的关键词，w_i表示特征项的权值，就是对应关键词在科研人员所发表论文中出现的频次，代表科研人员研究领域的深度，n表示科研人员所发表论文中关键词的个数，代表科研人员的研究领域的广度；$B=[(y_1, v_1), (y_2, v_2), \cdots, (y_p, v_p)]$，其中$B$表示基于共引关系待标记的科研人员，$y_i$ 特征项代表科研人员所发表论文中的引用的文献，v_i 表示对应文献在科研人员所发表论文中参考文献列表中出现的频次，p 代表科研人员所发表论文中引用文献的总个数；$C=[(u_1, l_1), (u_2, l_2), \cdots, (u_q, l_q)]$，其中 C 表示基于共被引关系待标记的科研人员，u_i 特征项代表科研人员所发表论文中被其他文献引用的文献，l_i 表示对应文献被其他文献引用的频次，q 代表科研人员所发表论文中被引用的文献的总个数。标识科研人员学术偏好主题的特征项较多，且不同特征项之间的重要程度有所差异，因此，在构建科研人员学术偏好模型的过程中，不需要把科研人员的所有学术偏好信息都考虑进来，通过阈值或百分比等方式筛选最能反映科研人员学术偏好的 m 个主要偏好主题即可。

由上述三种向量的构建过程可知，在考虑作者对论文科研贡献度的前提下，作者与三种事件的相关性矩阵可以分别表示为如图 6.3～图 6.5 所示形式。

$$A=\begin{pmatrix} a_{11} & \cdots & a_{1j} & \cdots & a_{1n} \\ \vdots & & \vdots & & \vdots \\ a_{i1} & \cdots & a_{ij} & \cdots & a_{in} \\ \vdots & & \vdots & & \vdots \\ a_{m1} & \cdots & a_{mj} & \cdots & a_{mn} \end{pmatrix}$$

图 6.3　作者与关键词关系矩阵

$$B=\begin{pmatrix} b_{11} & \cdots & b_{1j} & \cdots & b_{1p} \\ \vdots & & \vdots & & \vdots \\ b_{i1} & \cdots & b_{ij} & \cdots & b_{ip} \\ \vdots & & \vdots & & \vdots \\ b_{m1} & \cdots & b_{mj} & \cdots & b_{mp} \end{pmatrix}$$

图 6.4　作者与引用文献关系矩阵

$$C=\begin{pmatrix} c_{11} & \cdots & c_{1j} & \cdots & c_{1q} \\ \vdots & & \vdots & & \vdots \\ c_{i1} & \cdots & c_{ij} & \cdots & c_{iq} \\ \vdots & & \vdots & & \vdots \\ c_{m1} & \cdots & c_{mj} & \cdots & c_{mq} \end{pmatrix}$$

图 6.5　作者与被引文献关系矩阵

作者与关键词关系矩阵是一个 $m×n$ 阶的矩阵，m 表示 m 位作者，n 表示 n 个关键词，矩阵的行表示由作者的论文署名信息映射得到的作者特征向量，矩阵的列表示由作者的论文关键词映射得到的关键词特征向量，单元格数值为对应行的科研人员所发论文中含有对应列关键词的加权个数；作者与引用文献关系矩阵是一个 $m×p$ 阶的矩阵，m 表示 m 位作者，p 表示 p 篇引用文献，矩阵的列表示由作者的论文引用文献映射得到的引用文献特征向量，单元格数值为对应行的作者所发论文中含有对应列引用文献的加权次数；作者与被引文献关系矩阵是一个 $m×q$ 阶的矩阵，m 表示 m 位作者，q 表示 q 篇被引用文献，矩阵的列表示由作者论文作为被引用文献映射得到的被引文献特征向量，单元格数值为对应行的作者所发论文被对应列文献引用的加权次数。

6.2.3　学术偏好相似度规范化处理

基于共同关键词数、共引数、共被引数进行论文作者间潜在合作关系的挖掘，与文献计量学中“论文作者直接合作”的基本思想是一致的，都是属于共现关系。作者间的共现强度不仅由作者间相应事件交集的频次决定，还受作者自身事件数的影响，如作者间的关键词共现强度受作者间关键词共现的次数和二者各自的关键词数的综合影响，所以需要对共现强度进行规范化处理。大量学者对相似性度量问题展开了研究，如 Ahlgren 等质疑 Pearson 相关系数在度量共被引相似度时的准确性，认为 Salton 余弦函数准确性更高[173]；Nees Jan Van Eck 等分析了余弦相似度计算法和 Pearson 相关系数法，并从概率分布的角度探讨了作者共被引相似度的度量[174]。本书基于修正的向量夹角余弦相似性公式将三个 2-模数据关系矩阵转化为 1-模相似度矩阵，通过计算任意两个作者之间的余弦相似度衡量科研人员间在三种共现关系方面的学术偏好相似程度，然后利用德尔菲法或者专家调查法通过设置权重的方式将三种偏好度矩阵整合为一个综合相似度偏好矩阵。修正的余弦相似性公式如下：

$$\mathrm{Sim}(A_1,\ A_2) = \cos\theta = \frac{\sum_{k \in f_{1,\ 2}} (W_{1k} - \overline{W_{1k}})(W_{2k} - \overline{W_{2k}})}{\sqrt{\sum_{k \in f_1} (W_{1k} - \overline{W_{1k}})^2} \sqrt{\sum_{k \in f_2} (W_{2k} - \overline{W_{2k}})^2}} \tag{6.1}$$

以作者与关键词关系矩阵的规范化处理过程为例，式(6.1)中 $\mathrm{Sim}(A_1,\ A_2)$ 表示作者 A_1 和 A_2 间基于关键词的余弦相似度，取值范围在-1 和+1 之间，$f_{1,2}$ 表示作者 A_1，A_2 所发表期刊论文中共有的关键词，W_{1k}、W_{2k} 分别表示作者 A_1 和 A_2 第 k 个关键词的权值，$\overline{W_{1k}}$ 和 $\overline{W_{2k}}$ 表示作者 A_1 和 A_2 各自所发表期刊论文中关键词的平均权值。由式(6.1)计算出的相似度值体现了作者 A_1 和 A_2 潜在合作关系的强度，通过计算任意两个作者之间的相似度可以构建作者与作者的合作相似性矩阵，该相似性矩阵与关键词频次耦合矩阵的区别在于不仅考虑作者间共有的关键词及其频次，也结合作者各自的关键词权值进行了更为合理的衡量。基于科研贡献度加权向量空间模型和利用特征项的平均值对余弦相似性公式进行改进，将这两种创新理念引入作者偏好相似度的关系表达中，不仅可以充分考虑不同作者对论文的科研贡献程度，也可以通过累计权值减去平均值的做法消除平均值差异的影响，这种更为科学的衡量作者学术偏好相似性的方式更能准确挖掘作者的潜在合作对象，进而能够更加准确地构建科研团队[175]。

6.2.4 推荐思路与算法描述

本书将基于作者共现网络情境偏好的潜在科研合作关系挖掘理解为对于一个科研人员，通过其所发表论文中关键词共现、共引、共被引等三种共现关系的分析分别构建科研人员的三种向量空间模型，并利用修正的余弦相似度计算方法进行规范化处理，利用余弦夹角距离衡量科研人员在研究方向、研究领域、研究内容等方面学术偏好的相似性，然后将相似度较高的科研人员认定为具有较大合作可能性的潜在合作对象。这种基于共现关系的推荐有利于帮助科研人员快速地寻找到最佳的科研合作对象，降低科研成本，提高科研效率[176]。本部分研究的基本思路是：首先采集相关文献，并抽取出文献的作者、关键词、引文等题录信息；其次对采集的数据进行清洗、去噪等预处理操作，基于关键词共现、共引、共被引三种关系分别构建作者与三种事件的 2-模权值矩阵，并将三个 2-模权值矩阵通过规范化处理转化为基于作者的 1-模相似度矩阵；再次对三个相似度矩阵的结果进行对比分析并整合为一个作者综合偏好相似度矩阵；最后按照综合偏好相似度大小将作者倒序排列，并通过阈值、百分比或固定人数的形式将筛选出的作者作为科研人员的潜在合作对象。具体算法描述如下：

输入：作者发表论文中基于关键词共现关系、共引关系、共被引关系的 VSM 模型 A、B、C。

输出：科研人员潜在合作对象的 TOP *N* 推荐列表。

推荐算法的具体步骤如下：

Step1：分别从科研人员的三个 VSM 模型中获取一位科研人员的三种向量。

Step2：从科研人员的 VSM 模型中获取另外一位科研人员的三种向量。

Step3：分别对两位科研人员的三种向量进行交集运算，获取相似度的交集向量。

Step4：根据作者的贡献度系数分别计算两位科研人员各自的向量值，也就是对两位科研人员的三种向量分别进行加权计算，并计算二者各自的三种向量的平均频次。

Step5：应用修正的余弦相似性公式分别计算两位科研人员间的三

种共现关系的余弦相似度，并通过设置加权系数将三种余弦相似度整合为综合相似度。

Step6：重复 Step2，计算每一位科研人员与该人员的余弦相似度。

Step7：将所有的科研人员按照综合相似度大小倒序排列，提取相似度最大的 N 个科研人员作为该科研人员的潜在合作对象。

6.3 实验结果及评价

6.3.1 数据来源与数据预处理

由于在分析过程中需要用到引文数据，考虑到引文数据获取的便利性和数据结构的完整性，本部分样本数据的获取将《中文社会科学引文》(CSSCI)作为来源数据库，以“来源期刊”的形式检索 2009—2016 年间中图分类号为 G35(情报学、情报工作)领域的论文作为样本数据进行分析，共检索到 6119 篇论文。然后批量下载 txt 文本格式的题录数据，题录数据包括文件编号、来源篇名、来源作者、来源期刊、基金项目、学科分类、中图分类号、标引词和参考文献等字段，本书主要抽取来源作者、关键词和参考文献等字段进行分析。抽取的题目数据虽然内容全面、结构完整，但在分析过程中无法直接使用，必须对相关题录数据进行相应的清洗和预处理工作：

(1) 样本数据中的合作关系主要为国内作者间的合作，为了避免格式复杂的英文文献和机构类型的“作者”造成数据冗余，在进行共引、共被引分析时不考虑英文文献和作者为机构名的文献。

(2) 参考文献列表中只抽取出作者信息进行共引、共被引分析，即只考虑作者间的引用关系，不考虑作者的具体文章的引用关系。

(3) 进行共引分析时只分析被两个及以上作者引用的作者的引文数据，只被一个作者引用的作者的引文数据由于不满足共引分析的条件不纳入数据分析源。

(4) 在作者—关键词 2-模数据矩阵构建过程中，按照表 6.1 所示加权方式根据作者的署名顺序对作者所发论文的关键词进行加权。

通过对样本数据中内容、格式的整理，剔除 7 篇以单位名称作为作者的评论性文章，最后将 6112 篇论文作为样本数据。在同一领域内不考虑作者重名的前提下样本数据中共含有 6799 位作者，作者发文数量统计如表 6.2 所示，可知约 67%的作者只参与一次发文，随着发文数的增加作者数量呈下降趋势，发文数≥27 的高产作者较少；样本数据中共含有 24491 个累计频次关键词，篇均约 4 个关键词，经过去重处理后有 10857 个不重复的关键词，这些关键词代表了我国情报领域的主要研究内容，关键词词频统计如表 6.3 所示；样本数据中共有 83716 篇含有作者信息的引用文献(含英文文献)，篇均引用约 13.7 篇文献，引用文献中共涉及 31381 位引文作者(含英文作者，不含机构)，作者被引频次统计结果如表 6.4 所示。综观表 6.2、表 6.3、表 6.4 可知，作者发文数分布、关键词词频分布和作者被引频次分布规律相互间具有很大相似性，都呈现出较为明显的长尾现象。

表 6.2　作者发文数统计表

发文数	作者数	发文数	作者数	发文数	作者数	发文数	作者数	发文数	作者数
1	4577	9	35	17	8	25	2	41	1
2	1045	10	28	18	3	26	1	42	1
3	416	11	20	19	3	27	1	44	1
4	224	12	9	20	4	31	1	48	1
5	147	13	18	21	4	32	2	64	1
6	91	14	15	22	1	34	1	99	1

续表

发文数	作者数	发文数	作者数	发文数	作者数	发文数	作者数	发文数	作者数
7	67	15	6	23	2	39	2		
8	49	16	9	24	1	40	1		

表 6.3　关键词词频统计表

词频	关键词数	词频	关键词数	词频	关键词数	词频	关键词数	词频	关键词数	词频	关键词数	词频	关键词数	词频	关键词数
1	8172	11	34	21	4	31	6	43	1	53	1	74	1	106	1
2	1235	12	21	22	5	32	1	44	1	55	1	75	2	112	2
3	451	13	15	23	8	33	3	45	1	57	1	77	1	120	1
4	224	14	21	24	3	34	5	46	2	58	1	80	1	124	1
5	175	15	17	25	7	35	2	47	1	59	1	84	1	137	1
6	110	16	9	26	6	36	1	48	1	60	1	90	2	154	1
7	71	17	16	27	2	37	1	49	1	63	1	91	1	241	1
8	58	18	19	28	5	39	2	50	1	65	2	97	1	357	1
9	34	19	16	29	6	40	1	51	3	66	1	99	1		
10	34	20	7	30	2	41	2	52	2	71	1	105	1		

表 6.4　作者被引频次统计表

被引频次	作者数	被引频次	作者数	被引频次	作者数	被引频次	作者数	被引频次	作者数	被引频次	作者数	被引频次	作者数	被引频次	作者数	被引频次	作者数	被引频次	作者数
1	20889	13	87	25	14	37	6	49	2	61	2	74	2	93	1	116	2	190	1
2	4524	14	61	26	7	38	7	50	5	63	6	75	1	95	1	125	1	198	2
3	1930	15	42	27	13	39	8	51	4	64	4	77	2	96	1	127	2	199	1
4	1043	16	48	28	13	40	5	52	3	65	3	78	2	98	2	130	1	216	1
5	667	17	44	29	10	41	3	53	2	66	1	79	3	103	1	145	1	276	1
6	430	18	39	30	16	42	5	54	2	67	3	80	1	105	1	154	1	288	1
7	308	19	42	31	11	43	8	55	3	68	1	81	1	106	1	156	1	317	1
8	231	20	32	32	8	44	5	56	3	69	1	87	1	108	2	161	1	332	1
9	203	21	34	33	11	45	3	57	3	70	2	89	1	109	2	164	1	362	2
10	141	22	26	34	7	46	2	58	4	71	5	90	2	113	1	166	2	503	1

续表

被引频次	作者数	被引频次	作者数	被引频次	作者数	被引频次	作者数	被引频次	作者数	被引频次	作者数	被引频次	作者数	被引频次	作者数	被引频次	作者数	被引频次	作者数
11	112	23	18	35	9	47	5	59	5	72	1	91	1	114	1	174	1	867	1
12	103	24	12	36	6	48	3	60	3	73	1	92	1	115	1	182	1		

6.3.2　潜在合作关系挖掘步骤

根据前文所述作者间潜在合作关系挖掘的思路，必须首先计算作者之间的偏好相似度。利用共现分析法对6112篇论文样本数据中的潜在合作关系进行挖掘的具体步骤如下：

（1）筛选核心作者。

样本数据中共有6799位作者，由表6.2可知，绝大部分作者仅参与一次发文，如果对所有作者都进行分析会因为大量冗余数据的计算增加挖掘难度，且这些冗余数据的计算也没有实际意义，因此首先筛选出样本数据中的核心作者作为分析对象。

根据普莱斯理论的计算公式：$m=0.749(n_{max})^{1/2}$，将发表m篇及以上论文篇数的作者定义为杰出科学家，本书将其称为核心作者。n_{max}为最高产作者所发表论文的总数，样本数据中发文数量最多的邱均平参与发文99篇，可知$m=7.452$，据此共筛选出232位发文数大于等于7篇的核心作者，部分结果如表6.5所示

表6.5　核心作者(部分)

作者	篇数	作者	篇数	作者	篇数	作者	篇数	作者	篇数
邱均平	99	周鹏	27	王伟军	20	马费成	17	白如江	15
王知津	64	毕强	26	吴晓伟	20	王惠临	17	马静	15
李纲	48	方曙	25	杨思洛	20	徐芳	17	肖明	15
朱庆华	44	黄鲁成	25	贾君枝	19	赵宇翔	17	张云秋	15
陈峰	42	潘云涛	24	滕广青	19	曾建勋	16	赵冰峰	15

续表

作者	篇数	作者	篇数	作者	篇数	作者	篇数	作者	篇数
冷伏海	41	丁堃	23	章成志	19	甘利人	16	周春雷	15
郑彦宁	40	武夷山	23	刘则渊	18	化柏林	16	曾忠禄	14
韩正彪	39	苏新宁	22	王菲菲	18	李国俊	16	邓胜利	14
张玉峰	39	陆伟	21	赵星	18	李阳	16	赖茂生	14
孙建军	34	王曰芬	21	储节旺	17	王建冬	16	刘冰	14
张志强	32	许鑫	21	何超	17	徐宝祥	16	刘桂锋	14
赵筱媛	32	严贝妮	21	靖继鹏	17	姚伟	16	刘怀亮	14
赵蓉英	31	韩毅	20	刘志辉	17	张智雄	16	刘盛博	14

(2) 构建2-模共现矩阵。

本书在分析过程中统一用作者姓名标识作者，由于论文题名字数太多，在保证唯一标识的前提下论文统一用字母 P_i 标识，基于三种共现关系分别构建三个2-模数据矩阵，例如232位核心作者发表的所有论文中共含有4882个关键词，由此构建出232×4882维的核心作者—关键词共现矩阵，部分如表6.6所示，矩阵中第 i 行和第 j 列单元格的数值表示根据表6.1所示科研贡献度加权方法对作者 i 所发表的所有论文中出现关键词 j 的累计加权频次。此类型的共现矩阵一般为稀疏矩阵，在进行大批量数据处理和数据存储时会有大量冗余数据占用大量内存空间或存储空间，因此应通过三元组方式对稀疏矩阵进行压缩。此外，由于用户—引用文献共现矩阵、用户—被引用文献共现矩阵的构建方法与表6.6一致，不再列出。

表6.6　核心作者—关键词矩阵(部分)

关键词 作者	h指数	Cite Space Ⅱ	PAJEK	Web2.0	本体	层次分析法	大数据	共词分析	共现分析
邱均平	0	0	0.6	0	0	0	0	1.2	0.6
李纲	0	0	0	0.6	0.6	0	0.8	1.8	0

续表

作者 \ 关键词	h指数	Cite Space Ⅱ	PAJEK	Web2.0	本体	层次分析法	大数据	共词分析	共现分析
朱庆华	0	0	0.4	0.5	0	0.6	0	0.6	0
陈峰	0	0	0	0	0	0	0	0	0
冷伏海	0	0.4	0	0	0	0.25	0.4	2.05	0.8
郑彦宁	0	0	0	0	0	0	0	0.45	0
张玉峰	0	0	0	0	1.2	0.6	0.45	0	0
孙建军	0	0	0	0	0.55	0	0	0.4	0.15
赵蓉英	0	1.2	0	0.6	0	0	0	0	0.6
毕强	0	0	0	0	0.7	0	0	0	0
潘云涛	0.1	0	0.1	0	0	0	0.1	0	0
丁堃	0	0.65	0	0	0	0	0	0.4	0
苏新宁	0	0	0	0	0.5	0	0	0	0
王曰芬	0	0	0	0	0.85	0	0.4	0	1
严贝妮	0	0	0	0	0	0	0	0	0
王伟军	0	0.6	0	1.25	0	0	0	0.85	0

（3）构建潜在合作相似度矩阵。

本部分将经常用于文本分类、文本检索、自动文摘的向量空间相似度原理[177]应用到作者间潜在合作相似度矩阵的构建中，通过利用余弦相似度公式对三个2-模共现矩阵进行规范化处理，规范化处理过程中首先用权值相对于平均权值的偏差取代原始权值，再进一步求出向量间的点积和向量自身点积的平方根。实践过程中主要利用Excel工具中VBA宏运算将2-模共现矩阵转化为1-模相似度矩阵。运算过程中将W_{2k}都设置为1进行运算，首先算出式(6.1)中的分子部分，利用232×232维度的矩阵来表示，也就是任意两位作者间的向量积之和；然后算出式(6.1)中的分母部分，仍然用232×232维度的矩阵来表示，运算过程中我们设定这两个矩阵中作者的顺序是一致的，最后循环矩阵里所有单元格，用分子矩阵单元格数据除以分母数据矩阵单元格的数据，结果就是作者间的相似度矩阵；最后从相似度矩阵中剔除已经存在合作关系的作者数据，由此得到核心作者的潜在合作相似度矩阵。表 6. 7 为由作者—关键词共现矩阵转换得到的作者潜在合作相似度矩阵的部分数据（用户共引相似度矩阵和用户共被引相似度矩阵因为结构相同不再列出）。

表 6. 7　作者—关键词相似度矩阵

	邱均平	王知津	李纲	朱庆华	陈峰	郑彦宁	韩正彪	张玉峰	孙建军
邱均平	1	0. 2526	0. 0561	0. 1061	0. 1532	0. 1271	0. 123	0. 092	0. 1431
王知津	0. 2526	1	0. 0547	0. 2149	0. 2928	0. 3179	0. 5355	0. 2666	−0. 002
李纲	0. 0561	0. 0547	1	−0. 004	0. 2377	0. 1908	−0. 018	0. 1935	−0. 005
朱庆华	0. 1061	0. 2149	−0. 004	1	−0. 007	0. 0242	0. 1469	−0. 007	0. 0215
陈峰	0. 1532	0. 2928	0. 2377	−0. 007	1	0. 7603	−0. 013	0. 6408	0. 0009
郑彦宁	0. 1271	0. 3179	0. 1908	0. 0242	0. 7603	1	0. 0597	0. 4883	−0. 008
韩正彪	0. 123	0. 5355	−0. 018	0. 1469	−0. 013	0. 0597	1	0. 0007	−0. 008
张玉峰	0. 092	0. 2666	0. 1935	−0. 007	0. 6408	0. 4883	0. 0007	1	−0. 029
孙建军	0. 1431	−0. 002	−0. 005	0. 0215	0. 0009	−0. 008	−0. 008	−0. 029	1

表 6. 7 中对角线上的数值为 1，代表的是作者自身的关键词完全相似，其他单元格上的数值代表的是单元格所对应的两个作者的关键词相似度，由于式（6. 1）利用平均值对原余弦相似度进行改进，该数值大于等于-1 且小于等于 1，数值越大，说明二者的关键词相似度越大。如王知津与邱均平对应单元格的值为 0. 2526，李纲与邱均平对应单元格的值为 0. 0561，说明王知津与邱均平比李纲与邱均平的关键词相似度更大，研究领域的一致性更强，具有更大的潜在合作的可能性。在实际应用过程中潜在合作对象集合的规模也会根据相似度大小被限制在一定范围内，并不需要对所有具有潜在合作可能性的作者都进行分析。

（4）三种分析方法从不同角度反映作者之间的潜在关系，将三个相似度矩阵按照权重整合为一个综合相似度矩阵时应根据学科特点进行加权，本书采用均值的方式将三种相似度矩阵整合为综合相似度矩阵。

6.3.3　挖掘结果及其对比评价

（1）挖掘结果的单列矩阵展示。

本部分利用单列矩阵排序的方式展示 4 种不同挖掘作者潜在合作对象的结果。由于篇幅有限，本部分对发表文章数量最多的作者邱均平的潜在合作关系挖掘结果进行部分展示，对表 6.8 相关挖掘结果中与邱均平存在直接合作关系的合作对象列表比较，发现 4 种方法中均存在与其有直接关系的合作对象，如王菲菲、赵蓉英、杨瑞仙等作者存在于多种方法的挖掘结果中，且排序比较靠前，验证了本书通过对作者科研贡献度进行加权，构建作者合作相似度矩阵，挖掘潜在合作对象的可行性。

表 6.8　潜在合作对象挖掘结果（排名前 20 位，含已合作作者）

序号	关键词共现相似度		共被引相似度		共引相似度		综合相似度	
	潜在合作对象	潜在合作相似度	潜在合作对象	潜在合作相似度	潜在合作对象	潜在合作相似度	潜在合作对象	潜在合作相似度
1	宋歌	0.4305	高小强	0.9058	王菲菲	0.9334	杨波	0.4901
2	王菲菲	0.4136	毕达天	0.7794	宋艳辉	0.9294	王菲菲	0.4811
3	吕红	0.3375	李颖	0.7794	赵蓉英	0.9044	赵蓉英	0.4698
4	赵蓉英	0.3135	牟冬梅	0.7341	余厚强	0.8662	许海云	0.4652
5	袁勤俭	0.2927	杨波	0.6612	杨利军	0.8584	孙建军	0.4212
6	李长玲	0.2676	刘桂锋	0.6249	杨思洛	0.8399	杨瑞仙	0.4204
7	王知津	0.2526	何超	0.5511	杨波	0.8244	吕红	0.4121
8	彭靖里	0.2353	杨瑞仙	0.5511	马海群	0.8103	杨思洛	0.4111
9	包昌火	0.2263	刘志辉	0.4914	李秀霞	0.8085	马海群	0.3999
10	周鹏	0.2239	孙建军	0.4846	吕红	0.8026	甘春梅	0.3744
11	邱小花	0.222	肖明	0.4683	张洋	0.748	高小强	0.3716
12	杨思洛	0.2065	刘颖	0.4237	温芳芳	0.7127	肖明	0.3711
13	王琳	0.2035	马海群	0.3192	杨瑞仙	0.7046	刘桂锋	0.3667
14	赖茂生	0.1948	李阳	0.3182	魏瑞斌	0.6853	张洋	0.3486
15	余厚强	0.1928	王伟	0.3079	马凤	0.6593	余厚强	0.3457

续表

序号	关键词共现相似度		共被引相似度		共引相似度		综合相似度	
	潜在合作对象	潜在合作相似度	潜在合作对象	潜在合作相似度	潜在合作对象	潜在合作相似度	潜在合作对象	潜在合作相似度
16	王萍	0.1797	王贤文	0.2303	孙建军	0.6358	李长玲	0.3015
17	陈文勇	0.1728	靖继鹏	0.225	赵宇翔	0.6298	魏瑞斌	0.2721
18	刘桂锋	0.1707	翟东升	0.1948	李晶	0.6279	盛小平	0.2707
19	曾忠禄	0.1697	赵蓉英	0.1916	武夷山	0.6003	毕达天	0.2623
20	赵洁	0.1694	杨思洛	0.1868	李长玲	0.5658	李颖	0.2621

（2）挖掘结果的对比评价。

1）挖掘结果的一致性衡量。

由表6.8可知，4种相似度排序结果存在一定差异，本书分别以4种方法挖掘结果的排序名次的标准差来衡量4种结果之间的一致性，该标准差计算结果反映的是任意两种方法的挖掘结果排序名次的差异，数值越大，说明二者的排序结果差异性越大，相似性越小。标准差的计算公式为[178]：

$$S_n = \sqrt{\frac{\sum_n (x_i - x_j)^2}{n - 1}} \tag{6.2}$$

其中，S_n 为前 n 位两组方法排序结果之间的标准差，x_i 表示一种方法的挖掘结果排序名次，x_j 为另外一种方法的挖掘结果排序名次，n 为挖掘结果中的排名前 n 位。为了衡量4种方法挖掘结果的整体相似度，本书在计算过程中首先计算两种方法中两个对应作者排序结果的标准差，然后求出所有作者排序结果标准差的平均值，用于衡量两种方法整体结果一致性。整体标准差的计算公式为：

$$Z_N = \frac{\sum_N \sqrt{\frac{\sum_n (x_i - x_j)^2}{n - 1}}}{N} \tag{6.3}$$

其中，N为相似度矩阵的维数，在本书中即为分析的232位核心作者，利用式(6.3)分别对4种方法的排序结果进行计算，一致性的计算结果如表6.9所示。

表6.9　排序结果整体标准差 Z_N 对照表

	共引相似度	共被引相似度	关键词共现相似度	综合相似度
共引相似度	0	81.85	88.41	87.87
共被引相似度	81.85	0	84.43	83.52
关键词共现相似度	88.41	84.43	0	59.22
综合相似度	87.87	83.52	59.22	0

表6.9中对角线上的数据为0，因为自身比较结果完全一致，其他单元格的值代表相应方法计算结果的整体标准差，关键词共现相似度与综合相似度的排序结果标准差相对较小，主要是因为3种具体分析方法的相似度结果中关键词共现相似度的值相对较大，在综合相似度计算过程中所占比重较大，所以二者的排序结果具有较大的相似性。其他单元格的值比较均衡，说明相应方法的排序结果差异程度大致相当。

② 挖掘结果的准确性和全面性衡量。

此外，本书采用查全率和查准率来衡量算法的性能，分别取N=30、60、100、150(N表示挖掘的潜在合作对象人数)，通过与作者的实际合作对象数据对比得到4种方法分析结果的查全率和查准率，如表6.10所示。

表6.10　挖掘结果的查准率和查全率

作者数	关键词共现相似度		共引相似度		共被引相似度		综合相似度	
	查准率(%)	查全率(%)	查准率(%)	查全率(%)	查准率(%)	查全率(%)	查准率(%)	查全率(%)
30	4.8	48.2	9.5	22.6	2.2	17.7	5.2	51.8
60	4.7	57.1	1.9	33.5	1.6	26.8	3.1	61.1

续表

作者数	关键词共现相似度		共引相似度		共被引相似度		综合相似度	
	查准率（%）	查全率（%）	查准率（%）	查全率（%）	查准率（%）	查全率（%）	查准率（%）	查全率（%）
100	2.8	59.6	1.6	48.9	1.2	40.3	2.1	67.3
150	1.8	60.6	1.4	68.1	1.1	55.3	1.4	69.1
合作对象数	17.8	17.8	9.9	9.9	6.5	6.5	18.9	18.9

由表6.10可知，随着挖掘的潜在合作对象数量逐步增加，4种方法的查全率均逐步增大，查准率均逐步变小，二者呈反比关系，这一结论与有关专家对二者关系的研究是一致的。表6.10中4种分析结果中的查准率均较低，主要是因为核心作者群中作者的直接合作对象较少，当N值较大时会因为检索出大量没有建立合作关系的潜在合作对象影响查准率。当以每位作者已经存在合作关系的合作对象人数分别作为相应作者挖掘的对象时，挖掘出的潜在合作对象总量等于所有潜在合作对象中的实际合作对象数。核心作者群的平均查准率和查全率如表6.10中最后一行所示，4种方法的查准率结果均有较大提高，但是因为检出对象数量变少导致查全率降低。综上可知，挖掘出的潜在合作对象中仅有少数存在直接合作关系，大部分还处于潜在的待合作状态，这也是本部分内容的研究初衷，从不同的共现相似度视角将具有共同学术偏好的潜在合作对象挖掘出来，通过合作对象间更加直接和深层次的交流与合作，不仅能够开拓作者的研究视野、提高作者的科研效率，也能起到优化学科学术共同体结构和促进学科良性发展的作用。

6.4 本章小结

为科研人员推荐合适的科研合作对象是知识经济时代进行科研创新

的客观需要，在科研人员信息素养稳定的前提下，如何科学合理地构建科研人员学术偏好模型是合作对象推荐研究的基础和核心[179]。传统的推荐系统从不同角度能够在一定程度上解决“知识过剩”问题的困扰，但推荐效果却差强人意。本章从科研人员知识吸收和知识产出的角度结合关键词共现、共引、共被引三种共现关系构建科研人员学术偏好综合模型，为提高科研人员推荐服务质量提供了理论支撑。研究过程中首先对科研人员学术偏好进行了简单概述，明确了学术偏好在科研合作对象推荐服务中的优化思路，指出了学术偏好在科研合作网络动态演化中的具体应用方式和应用价值；其次从关键词共现、共引、共被引三个方面考虑构建科研人员的学术偏好综合模型，并对具体的偏好提取和融合方法进行了详细介绍；最后构建了科研人员的学术偏好模型，利用向量空间模型对科研人员学术偏好模型进行具体表示，并进行了实证研究且对推荐效果进行了检验。

本章的主要结论如下：

（1）科研论文作为科研成果的主要表达形式，有着规范的内部特征和外部特征，从作者潜在合作对象挖掘角度研究科研人员的潜在合作关系具有可行性和合理性。

（2）科研人员合作对象推荐的目的是实现科研人员间知识体系深度聚合，科研合作对象间合作的表现是科研主体间的合作，深层次内涵仍是科研人员所掌握知识体系间的融合与创新，这种知识资源聚合的方法主要包括文献聚类方法和关联规则方法。

（3）共现分析法为挖掘作者间的潜在合作关系提供了新的研究视角，目前已经普遍应用于好友推荐、商品推荐等各种关联关系的分析，并且已经形成了固定的研究思路和研究范式。

（4）作者作为科研活动的主体，其学术偏好主要表现为知识吸收

(引用参考文献)和知识产出(标引论文关键词)两种类型的学术行为，二者都能标识作者的研究兴趣和研究内容，学术行为是进行作者间学术偏好相似度分析的基础。

(5) 作者间的潜在合作关系是以作者间的学术偏好相似性为基础的，学术偏好相似性通过作者间的关键词共现、共引、共被引三种共现关系反映出来，分别从显性关系与隐性关系的角度反映科研人员间学术偏好的关联关系，通过修正的余弦相似性公式规范化处理后的相似度更能科学反映作者间学术偏好相似的程度。

第7章

结论与研究展望

随着科学研究的深入推进，科研人员主动参与合作的意识越来越强，现代信息技术的支持也为科研合作提供了便利，科研合作现象已经引起了相关研究领域的重视。本书在以往相关研究的基础上，将偏好理论和动态网络演化理论引入科研合作网络研究中，基于网络中节点的连接偏好机制分别对作者合作网络演化和学术共同体网络演化进行了分析，并通过构建科研人员学术偏好模型进行潜在合作对象推荐。本章主要对已完成的研究工作进行总结，并对未来的研究进行展望。

7.1 结论

在当前我国建设创新型国家的背景下，迫切需要通过营造自由开放的学术环境为科研合作提供良好的外部环境支持。通过识别科研人员的学术偏好研究其在科研合作网络演化中的行为趋势，能够为发现科研合作规律、掌握和优化科研合作结构提供理论指导，从而推动科研创新。本书的主要结论如下：

（1）提出了一种基于科研贡献度的加权方法。

目前对合作网络的研究已由最初的无权网络研究逐步过渡到加权网络研究，加权网络的统计量更加丰富地描述了节点个体特征和网络整体结构特征。针对当前常用的客体事件累计共现频次的加权方法导致的虚假共现问题，本书提出了一种基于科研主体科研贡献度的加权方法，节点的权值主要根据论文中作者的总数和作者的署名顺序决定，边的权值不仅由相应作者间共同合作论文的绝对频次决定，还受合作论文中署名人数多少的影响，这种基于科研贡献度进行边加权的方法不仅能够科学地衡量作者的真实研究水平和研究能力，也能够客观真实地反映作者间合作关系的强弱，从而能够更加科学合理地分析网络结构特征，在一定程度上解决绝对频次加权的虚假贡献问题，特别是对于削弱存在“挂名”等学术不端行为作者的网络地位具有明显效果。

（2）构建了基于学术偏好的作者合作加权网络演化模型。

基于改进增长模型的网络演化过程存在节点的增加与删除、边的增加与删除四种网络变化形态，根据作者的学术偏好定义网络演化规则，以实现整体网络结构的动态演化，从而达到作者优化自身邻居结构的目的。通过对作者合作加权网络演化动因、演化机制和演化规则的分析揭示了作者合作网络演化的本质与内涵。在考虑科研贡献度及增长模型网络特征的基础上，引入混合度择优连接规则、反择优衰退规则、分段随机概率连接规则，构建了解析网络演化机理的作者合作加权网络演化模型，利用平均场理论和连续介质理论对该网络演化模型的度分布和幂律指数等网络特征进行推导，并运用 MATLAB 对不同初始条件下的网络演化过程进行仿真。结果表明，作者合作加权网络的度分布具有“均匀与幂律双重混合分布”和“分段均匀分布”的特点，网络演化过程存在“路径依赖”，但是“不敏感依赖于初始条件”。实证分析结果能够较好地拟合仿真结果，说明作者合作加权网络动态演化模型能够较好地解释作者合作关系的形成。

（3）构建了基于学术偏好的学术共同体元网络演化模型。

构建了基于作者、关键词、机构的多层学术共同体元网络，基于基本 BA 模型的增长和择优连接机制进行学术共同体多层网络的同步演化。该模型演化的思路为：基于作者在学术共同体网络中的主体地位，演化过程中以作者层网络演化为主导，关键词层、机构层网络的演化根据与作者层的共现概率同步演化，然后分别建立三层同质网络和三层异质网络间节点的连接关系，最终实现学术共同体网络结构的同步演化。分别对仿真结果中的同质网络和异质网络的度分布情况进行分析，并且将实证分析结果与仿真结果进行对比，发现二者的度分布特征具有很大的相似性，说明本书所构建的学术共同体网络演化模型能够比较合理地模拟学术共同体网络演化过程。最后利用 ORA 软件对多种网络的聚类结果分别进行了可视化展示，直观地显示了网络中节点的重要性和节点之间的派系关系。

（4）提出了一种基于共现偏好的科研合作对象推荐方法。

能否构建结构合理的科研合作团队直接影响科研项目的研究进度，具有共同学术偏好或知识结构互补的科研合作对象能够提高科研活动的效率。近年来，越来越多的学者开始关注科研合作对象的推荐，但是多数研究集中在科研人员某方面的相似性分析，且关系强度也是基于某方面客体事件进行加权。本书从科研主体科研贡献度角度进行加权，首先构建作者与关键词、共引文献、共被引文献三种事件间的 2-模加权矩阵，然后利用修正的余弦相似度公式对 3 个 2-模矩阵进行规范化处理，通过将 2-模矩阵转化为 1-模相似度矩阵衡量科研人员间的潜在合作关系强度，最后将三个相似度矩阵按照一定规则整合为一个综合的相似度矩阵，这种多维的科研人员学术偏好模型能够更加全面地衡量科研人员之间的潜在合作关系。最后利用标准方差对 4 种相似度结果进行比较并利用查全率与查准率对推荐效果进行检验，结果表明，本书所述方法能够较好地挖掘出具有共同学术偏好的潜在合作对象。

7.2 研究展望

本书虽然在基于学术偏好的科研合作网络动态演化方面的研究方面取得了一些初步的成果，但是在研究过程中发现仍有一些问题需要进一步深入研究。对本书的后续研究工作进行展望，主要包括以下几个方面的内容：

（1）边权设置方式的优化。

传统的累计频次加权的方式中，论文中作者越多，对整个网络中贡献的边的整体强度越大，虽然根据论文中的作者数设置边权重能够减小多作者合作论文对整个网络结构强度的虚假贡献，但是本书所述加权机制没有区分同一篇文章内边权值的差异性。从客观情况来说，署名靠前的作者间的合作强度应该大于署名靠后的作者间的合作强度，考虑到本书没有对不同学科领域论文中作者数量的不同及不同署名顺序的作者间关系强度的计算的差异性和复杂性进行更细致的分析，后续将对其进行进一步研究。

（2）网络演化规则的完善。

网络演化过程受多种因素的综合影响，且不同作者在网络演化过程中可能具有不同的偏好属性。本书在同质性偏好的前提下虽然通过引入“混合度连接”规则、“共现概率”规则、“条件随机概率”连接规则等多种规则能够更大程度模拟网络演化过程，但还需要结合偏好转移和偏好逆转等个体特殊情况进一步完善网络演化规则。

（3）多维视角偏好模型的构建。

在利用科研论文中内部特征和外部特征表示科研人员学术偏好的过程中，具有共同研究主题的论文研究内容相近，但研究深度参差不齐，如果不对此进行区分，将会在一定程度上影响推荐效果。论文质量的高低受所发表期刊的级别、被引次数等因素的影响，因此，衡量科研人员关于某一主题内容的研究深度时应考虑论文的重要度因素。此外，科研人员学术偏好可能会随着时间的推移发生变化，因此需要通过引入时间因子标识科研人员在不同时期对相关内容的偏好程度。

（4）学术偏好的更新。

科研人员学术偏好在一定时间范围内可以保持稳定，但是随着外部学术环境的变化或者科研人员研究方向的转移，科研人员的学术偏好可能出现转移甚至逆转，因此，需要及时获取科研人员学术行为记录和科研人员对合作对象推荐效果的服务质量反馈等数据，通过感知科研人员的最新学术偏好更新科研人员学术偏好模型。

参考文献

[1] 郭凤娇，李长玲，等．基于 SNA 的我国科学学潜在合作情况分析[J]．科学学研究，2013，31(2)：184-190.

[2] STEFAN KRÄTKE. Regional knowledge networks：A network analysis approach to the interlinking of knowledge resources[J]. European Urban and Regional Studies，2010，17(1)：83-97.

[3] DE STEFANO D，UCCELLA V F. The use of different data sources in the analysis of co-authorship networks and scientific performance[J]. Social Networks，2013，35(3)：370-381.

[4] 吕鹏辉，刘盛博．学科知识网络实证研究(Ⅳ)合作网络的结构与特征分析[J]．情报学报，2014，33(4)：367-374.

[5] 胡一，朱道立．中外科研合作网络对比研究[J]．管理学报，2009，6(10)：1323-1329.

[6] 谢彩霞．国际科学合作研究状况综述[J]．科研管理，2008，29(3)：179-186.

[7] ROSS W D. The works of aristotle，translated into english[J]. Nature，1928，88(2192)：1-2.

[8] SCHAFER J B，KONSTAN J，RIEDL J. Recommdender systems in e-commerce[A]//Proc. of the 1st ACM Conference on Electronic Commerce[C]. NewYork：ACMPress，1999，26(5)：158-166.

[9] MASTHOFF J. Group modeling: Selecting a sequence of television items to suit a group of viewers[J]. Springer Netherlands, 2004, 14(1): 37-85.

[10] JUNG S Y, HONG J H, KIM T S. As tatistical model for user preference[J]. IEEE Trans on Knowledge and Data Engineering, 2005, 17(6): 834-843.

[11] YU Z, ZHOU X, HAO Y. TV programre commendation for multiple viewers based on user profile merging[J]. User Modeling and User-Adapted Interaction, 2006, 16(1): 63-82.

[12] JEMBERE E A, ADIGUN M O. Mining contex-t based user preferences form-services applications[A]//Proc IEEE/WIC/ACM International Conference on Web Intelligence[C]. Washington, DC: IEEE Computer Society, 2007: 757-763.

[13] F LIU. Changing for the better: Preference dynamics and agent diversity[J]. Nurs Times, 2008, 21(24): 165-171.

[14] GEMMIS M D, IAQUINTA L. Preference learning in recommender systems[J]. American Journal of the Medical Sciences, 2009, 338(4): 326-327.

[15] KUO M H, CHEN L C. Building and evaluating a location-based service recommendation system with a preference ad-justment mechanism[J]. Expert Systems with Applications, 2009, 36(2): 3543-3554.

[16] JASON J J. Contextualized mobile recommendation service based on interactive social network discovered from mobile users[J]. Expert Systems with Applications, 2009, 36(9): 11950-11956.

[17] 谢海涛，孟祥武．适应用户需求进化的个性化信息服务模型[J]．电子学报，2011，39(3)：643-648.

[18] 王立才，孟祥武，等．移动网络服务中基于认知心理学的用

户偏好提取方法[J]. 电子学报，2011，9(11)：2547-2553.

[19] 易明，王伟军. 虚拟社区中基于TAG的知识协同机制[J]. 管理学报，2012，9(8)：1203-1210.

[20] 王洪伟，邹莉. 考虑长期与短期兴趣因素的用户偏好建模[J]. 同济大学学报：自然科学版，2013，41(6)：953-960.

[21] 杨立，胡运红. 融合时间衰减与偏好波动的协同偏好获取方法[J]. 计算机应用，2016，36(7)：2011-2015.

[22] 郭顺利，李秀霞. 基于情境感知的移动图书馆用户信息需求模型构建[J]. 情报理论与实践，2014，37(8)：64-68.

[23] 王伟军，宋梅青. 一种面向用户偏好定向挖掘的协同过滤个性化推荐算法[J]. 现代图书情报技术，2014，30(6)：25-32.

[24] 李金海，何有世，马云蕾. 基于在线评论信息挖掘的动态用户偏好模型构建[J]. 情报杂志，2016，35(9)：192-198.

[25] WATTS D J, STROGATZ S H. Collective dynamics of "Small-World" networks[J]. Nature, 1998, 393 (6684): 440.

[26] BARABáSI A L, ALBERT R. Emergence of Scaling in random networks[J]. Science, 1999, 286(5439): 509.

[27] BORDER A, KUMAR R, MAGHOUL F. Graph structure in the web[J]. Computer Networks the International Journal of Computer and Telecommunications Networking, 2000, 33(1-6): 309-320.

[28] NEWMAN. The structure of scientific collaboration networks[J]. Proceedings of the National Academy of Sciences of the United States of America, 2000, 98(2): 404-409.

[29] NOWAK M A, MAY R M. Evolutionary games and spatial chaos [J]. Nature, 1992, 359(6398): 826-829.

[30] BIANCONI G, BARABÁSI A L. Competition and multiscaling in evolving networks[J]. Physics, 2001, 30(1): 37-43.

[31] VÁZQUEZ A. Disordered networks generated by recursive searches [J]. Europhys Lett, 2001, 54(54): 430-435.

[32] BREIGER R, CARLEY K M, PATTISON P. Dynamic social network modelling and analysis: Workshop summary and papers[J]. Jasss the Journal of Artificial Societies and Social Simulation, 2003, 6(4): 609-620.

[33] RAMASCO J J, DOROGOVTSEV S N, PASTOR SATORRAS R. Self-organization of collaboration networks[J]. Physical Review E Statistical Nonlinear and Soft Matter Physics, 2004, 70(3): 036106.

[34] CHEN Q, SHI D. The modeling of scale-free networks[J]. Physica a Statistical Mechanics and its Applications, 2004, 335(1-2): 240-248.

[35] ASSENZA S, GÓMEZ-GARDENES J, LATORA V. Enhancement of cooperation in highlu clustered scale-free networks[J]. Physical Review E, 2008, 78(1): 17, 101.

[36] LESKOVEC J, KLEINBERG J, FALOUTSOS C. Graph evolution: Densification and shrinking diameters[J]. Acm Transactions on Knowledge Discovery from Data, 2006, 1(1): 2-6.

[37] 朱涵，王欣然，朱建阳．网络“建筑学”[J]．物理，2003，32(6)：364-369.

[38] 刘涛，陈忠，陈晓荣．复杂网络理论及其应用研究概述[J]．系统工程，2005，23(6)：1-7.

[39] 谭跃进，吴俊，邓宏钟．复杂网络中节点重要度评估的节点收缩方法[J]．系统工程理论与实践，2006，26(11)：79-83.

[40]王福红，郭进利，等．复杂网络在质量管理中的应用研究[J]．

复杂系统与复杂性科学，2016，13(2)：44-52.

[41] 韩少春，刘云，张彦超，等．基于动态演化博弈论的舆论传播羊群效应[J]．系统工程学报，2011，26(2)：275-281.

[42] 胡琳娜，张所地，陈劲．中国技术经济与管理学科的时空演化研究[J]．科学学研究，2014，32(6)：825-834.

[43] 张燕平，鲍媛媛，赵姝．基于学术会议的科研合作网络微观结构动态演化分析[J]．智能系统学报，2015，10(4)：620-626.

[44] BEAVER D D，ROSEN R. Studies in scientific collaboration[J]. Scientometrics，1978(1)：65-84.

[45] FLOYD S W A，SCHROEDER D M. "Only If I am First Author"：Conflict over credit in management scholarship[J]. Academy of Management Journal，1994，37(3)：734-747.

[46] HAYTHOMTHWAITE C，WELLMAN B. Work friendship and media use for information nexchange in a networked organization[J]. Journal of the American Society for Information Science，1998，49(12)：1101-1114.

[47] LABAND D N，TOLLISON R D. Intellectual collaboration[J]. Journal of Political Economy，2000，108(3)：632-662.

[48] HAIYAN HOU，HILDRUN KRETSCHMER，ZEYUAN LIU. The structure of scientific collaboration networks in Scientometrics[J]. Sci-entometrics，2008，75(2)：189-202.

[49] FIALAD，ROUSSELOTF，JEZEKK. PageRank for bibliographic networks[J]. Scientometrics，2008，76(1)：135-158.

[50] SAID Y H，WEGMAN E J，SHARABATI W K. Social networks of author coauthor[J]. Computational Statistics & Data Analysis，2008，52(4)：2177-2184.

［51］张鹏，李梦辉，吴金闪，等．科学家合作网络的聚类分析［J］．复杂系统与复杂性科学，2005，2(2)：30-34.

［52］张秀梅，吴巍．科研合作网络的可视化及其在文献检索服务中的应用［J］．情报学报，2006，25(1)：9-15.

［53］王福生，杨洪勇．作者科研合作网络模型与实证研究［J］．图书情报工作，2007，51(10)：68-71.

［54］汪云林，李丁，付允，等．国家自然科学基金合作网络分析——以中国西部环境和生态科学为例［J］．研究与发展管理，2008，20(2)：102-106.

［55］谢彩霞．网络分析方法用于纳米科技领域科学合作状况的研究［J］．科研管理，2008，29(1)：130-137.

［56］汪丹．网络结构分析在作者合作关系测度中的实证研究［J］．情报科学，2008，26(11)：1735-1739.

［57］李亮，朱庆华．社会网络分析方法在合著分析中的实证研究［J］．情报科学，2008，26(4)：549-555.

［58］付允，牛文元，等．科学学领域作者合作网络分析——以《科研管理》(2004—2008)为例［J］．科研管理，2009，30(3)：41-46.

［59］邱均平，温芳芳．作者合作程度与科研产出的相关性分析［J］．科技进步与对策，2011，28(5)：1-5.

［60］赵君，廖建桥．科研合作研究综述［J］．科学管理研究，2013，31(2)：117-120.

［61］邱均平，董克．作者共现网络的科学研究结构揭示能力比较研究［J］．中国图书馆学报，2014，40(1)：15-24.

［62］胡枫，赵海兴，等．基于超图结构的科研合作网络演化模型［J］．物理学报，2013，62(19)：198901.

[63] 张学义，胡兴雨．基于兴趣的科研合作网络演化模式[J]．计算机工程与应用，2010，46(30)：104-108.

[64] 孙晓玲，林鸿飞．合作网络视角下的学科演化模型[J]．情报学报，2014，33(9)：936-943.

[65] 付允，牛文元，等．科学学领域作者合作网络分析——以《科研管理》(2004—2008)为例[J]．科研管理，2009，30(3)：41-46.

[66] 史洁玉，孔玲军．MATLABR2012a 超级学习手册[M]．北京：人民邮电出版社，2013.

[67] 谈蔓延．关于竞争与合作关系的哲学思考[J]．广东社会科学，2000(4)：71-75.

[68] ZIMAN J. Prometheus bound：Science in a dynamic steady state [M]. Cambridge：Cambridge University Press，1994.

[69] 冯鹏志．论技术创新行动的环境变量与特征——一种社会学的分析视角[J]．自然辩证法通讯，1997(4)：39-46.

[70] 赵蓉英，温芳芳．科研合作与知识交流[J]．图书情报工作，2011，55(20)：6-10.

[71] 翟杰全．国家科技传播体系内的知识交流研究[J]．科研管理，2002(2)：5-12.

[72] 林敏．研发团队知识交流网络的小世界特性分析与证明[J]．情报学报，2010(4)：732-736.

[73] 杨思洛．网络引证视角的知识交流规律研究[M]．湘潭：湘潭大学出版社，2012.

[74] 赵蓉英，温芳芳．科研合作与知识交流[J]．图书情报工作，2011，55(20)：6-10.

[75] 邱均平，陈木佩．我国计量学领域作者合作关系研究[J]．情

报理论与实践，2012(11)：56-60.

[76] 杨红岗，杨柳，杨昌盛. 基于社会网络分析的国内语义检索领域作者合作研究[J]. 农业图书情报学刊，2014，26(2)：65-69.

[77] 逯万辉，谭宗颖. 基于显性—隐性二元关系的学术社区发现方法研究[J]. 情报科学，2018，36(1)：130-134.

[78] 魏瑞斌，袁军鹏，田大芳. 基于两类合作网络的科研创新团队成员遴选研究——以中国科学技术信息研究所为例[J]. 情报理论与实践，2013，36(11)：101-104.

[79] 赵蓉英，温芳芳. 科研合作与知识交流[J]. 图书情报工作，2011，55(20)：6-10.

[80] 赵君，廖建桥. 科研合作研究综述[J]. 科学管理研究，2013(2)：117-120.

[81] LAWANI S M. Quality, collaboration and citations in cancer research: A 268 bibliometric study[M]. Ph D. Dissertation. Floriada State University，1980.

[82] SUBRAMANYAM K. Bibliometric studies of reasearch collaboration: A review [J]. Journal of Infoemation Science，1983，6(1)：33-38.

[83] AJIFERUKE I，BURRELL Q，TAGUE J. Collaborative coefficient: A single measure of the degree of collaboration in research [J]. Scientometrics，1988，14(5/6)：421-433.

[84] EAGGHE L. Theory of collaboration and collaborative measures [J]. Information Processing & Management，1991，27(2/3)：177-202.

[85] LU H，FENG Y. A Measure of authors' centrality in co-authorship networks based on the distribution of collaborative relationships [J]. Scientometrics，2009，81(2)：499-511.

[86] SCHUBERT A，SOONS S. Mapping of science journals based on

h-similarity [J]. Scientometrics, 2020, 83(2): 589-600.

[87] SCHUBERT A. A reference-based hirschian similarity measure for journals [J]. Scientometrics, 2010, 84(1): 133-147.

[88] ZHAO S X, ROUSSEAU R, YE F Y. H-degree as a basic measure in weighted networks [J]. Journal of Information, 2011, 5(4): 668-677.

[89] SCHUBERT ANDRÁS. A Hirsch-type index of co-author partnership ability [J]. Scientometrics, 2012, 91(1): 303-308.

[90] SCHUBERT ANDRÁS. Jazz discometrics - a network approach [J]. Journal of Informetrics, 2012, 6(4): 480-484.

[91] ROUSSEAU RONALD. Comments on a hirsch-type index of co-author partnership ability [J]. Scientometrics, 2012(91): 309-310 .

[92] 程齐凯. 档案学合著网络研究[J]. 档案管理, 2009(5): 19-22.

[93] 朱宁. 中国文献载体演进过程述略[J]. 图书与情报, 2001(1): 30-33.

[94] 方卿. 论网络环境下科学信息交流载体的整合[J]. 情报学报, 2001(3): 290-294.

[95] ROSS W D. The works of aristotle, translated into english[J]. Nature, 1928, 88(2192): 1-2.

[96] 周小亮, 笪贤流. 基于偏好、偏好演化的偏好融合及其经济学意义[J]. 经济学家, 2010(4): 13-21.

[97] 胡昌平, 乔欢. 信息服务于用户[M]. 武汉: 武汉大学出版社, 2003.

[98] 胡昌平, 邵其赶, 孙高岭. 个性化信息服务中的用户偏好与行为分析[J]. 情报理论与实践, 2008, 31(1): 4-6.

[99] 汤鹏, 吴国栋, 许瑞瑞. 用户偏好模型构建研究[J]. 石家庄

学院学报，2014，32(6)：31-35.

[100] 武龙龙，李桂华．高校数字图书馆匿名用户偏好模型研究[J]．情报科学，2014，32(2)：31-34.

[101] 余力，刘鲁．电子商务个性化推荐研究[J]．计算机集成制造系统，2004，10(10)：1036-1313.

[102] 吴丽花，刘鲁．个性化推荐系统用户建模技术综述[J]．情报学报，2006，25(1)：55-62.

[103] 曹蒙，袁小群，曾元祥．数字出版用户偏好模型的构建[J]．科技与出版，2014(3)：56-58.

[104] 邱晓俊，刘发升．基于层次向量空间模型的用户兴趣建模研究[J]．现代计算机，2010(6)：16-19.

[105] 邱宇红，郭继军．向量空间模型在医学文献相关性研究中的应用[J]．现代图书情报技术，2007，2(7)：63-67.

[106] 余希田，万莉莉．基于向量空间模型的文献相关性数据库的研究与实现[J]．现代图书情报技术，2008，24(6)：61-66.

[107] 张帅，郭顺利．基于情境感知的高校移动图书馆个性化推荐模型研究[J]．情报探索，2014(10)：6-11.

[108] 郭顺利，李秀霞．基于情境感知的移动图书馆用户信息需求模型构建[J]．情报理论与实践，2014，37(8)：64-68.

[109] 王立才，孟祥武，等．移动网络服务中基于认知心理学的用户偏好提取方法[J]．电子学报，2011，39(11)：2547-2553.

[110] 王立才，孟祥武，等．移动网络服务中基于认知心理学的用户偏好提取方法[J]．电子学报，2011，39(11)：2547-2553.

[111] 梁泉，王元卓．网格环境下一种用户偏好的表示和计算方法[J]．计算机工程与设计，2010，31(6)：1177-1179.

[112] 党永杰，郑世珏，等．多维视角下移动图书馆用户偏好模型构建研究[J]．情报理论与实践，2016，39(1)：104-108.

[113] 邱晓俊，刘发升．基于层次向量空间模型的用户兴趣建模研究[J]．现代计算机，2010(6)：16-19.

[114] MAMUN S A K, RAHMAN M M. Is there any feedback effect between academic research publication and research collaboration? Evidence from an Australian university[J]. Scientometrics, 2015, 105(3): 2179-2196.

[115] 段志生．图论与复杂网络[J]．力学进展，2008，38(6)：702-712.

[116] 田丽霞．基于图论的复杂脑网络分析[J]．北京生物医学工程，2010，29(1)：96-100.

[117] 李纲，李铁．一种基于关键词加权的共词分析方法[J]．情报科学，2011(3)：321-324.

[118] 姚尊强，尚可可，等．加权网络的常用统计量[J]．上海理工大学学报，2012，34(1)：18-26.

[119] 裴迪楠·滕尼斯．共同体与社会——纯粹社会学的基本概念[M]．林荣远，译．北京：商务印书馆，1999.

[120] 孙德中．社会记忆论[M]．武汉：湖北人民出版社，2007.

[121] 谭春辉，麻晓杰．我国图书馆学非正式学术共同体的形成[J]．情报杂志，2014，33(3)：64-71.

[122] 李纲，毛进．元网络视角下科研团队建模及分析[J]．图书情报工作，2014，58(8)：65-72.

[123] BOCCALETTI S, LATORA V. Complex networks: Structure and dynamics[J]. Physics Reports, 2006, 424(4-5): 175-308.

[124] 吴江．社会网络的动态分析与仿真实验[M]．武汉：武汉大

学出版社，2012.

［125］汪应洛．系统工程［M］．北京：机械工业出版社，2008.

［126］CARLEY K M，KAUFER D S. Semantic connectivity：An approach for analyzing symbols in semantic networks［J］. Communication Theory，1993，3（3）：183-213.

［127］CONTRACTOR N S，WASSERMAN S，FAUST K. Testing multitheoretical，multilevel hypotheses about organizational networks：An analytic framework and empirical example［J］. Academy of Management Review，2006，31（3）：681-703.

［128］HEIDER F. The psychology of interpersonal relations［M］. New Jersey：Lawrence Erlbaum，1982.

［129］刘永奎．复杂网络及网络上的演化博弈动力学研究［D］．西安：西安电子科技大学，2010.

［130］黄子罡．利用复杂网络研究复杂系统中的动力学演化行为［D］．兰州：兰州大学，2008.

［131］郭世泽，陆哲明．复杂网络基础理论［M］．北京：科学出版社，2013.

［132］PRICE D J D S. Networks of scientific papers［J］. Science，1965，149（3683）：510-515.

［133］KATZ J S，MARTIN B R. What is research collaboration［J］. Research Policy，1997，26（1）：1-18.

［134］高长元，张树臣．基于复杂网络的高技术虚拟产业集群网络演化模型与仿真研究［J］．科学学与科学技术管理，2012，33（3）：48-56.

［135］李守伟，程发新．基于企业进入与退出的产业网络演化研究［J］．科学学与科学技术管理，2009，30（6）：135-139.

[136] NEWMAN M E J. The structure of scientific collaboration networks [J]. Proceedings of the National Academy of Sciences of the United States of America, 2001, 98(2): 404-409.

[137] YANG H, WANG W X. Diversity-optimized cooperation on complex networks[J]. Physical Review E, 2009, 79(2): 056107.

[138] 王星. 大数据分析：方法与应用[M]. 北京：清华大学出版社，2013.

[139] 苏凯，汪李峰，等. 一种灵活的加权复杂网络演化模型及其仿真[J]. 系统仿真学报，2009，21(1)：266-271.

[140] 裴伟东，夏玮. 具有均匀与幂律双重混合分布的复杂网络动态演化模型的研究[J]. 天津师范大学学报：自然科学版，2010，30(4)：20-23.

[141] 韩华，刘婉璐. 证券市场的动态网络模型构建与演化规律研究[J]. 管理学报，2013，10(2)：299-304.

[142] 苏凯，汪李峰，等. 一种灵活的加权复杂网络演化模型及其仿真[J]. 系统仿真学报，2009，21(1)：266-271.

[143] 张宇洁，吴洁，等. 基于竞争力择优的产业联盟知识转移网络动态演化模型[J]. 科技管理研究，2013，33(11)：239-244.

[144] 刘凤朝，徐茜. 中国科技政策主体合作网络演化研究[J]. 科学学研究，2012, 30(2)：241-248.

[145] 滕立. 基于超网络的作者—机构—国家混合共现网络研究[J]. 情报学报，2015, 34(1)：28-36.

[146] 刘杰，陆君安. 一个小型科研合作复杂网络及其分析[J]. 复杂系统与复杂性科学，2004，1(3)：56-61.

[147] 张利华，闫明. 基于 SNA 的中国管理科学科研合作网络分

析[J]. 技术与创新管理，2010，22(4)：39-46.

[148] BADAR K, IIITE J M, BADIR Y F. Examining the relationship of co authorship network centrality and gender on academic research performance: The case of chemistry researchers in Pakistan [J]. Scientometrics, 2013, 94(2): 755-775.

[149] 易明，王学东，邓卫华. 基于社会网络分析的社会化标签网络分析与个性化信息服务研究[J]. 中国图书馆学报，2010，36(2)：107-114.

[150] 罗家德. 社会网络分析讲义[M]. 北京：社会科学文献出版社，2005.

[151] 付允，牛文元，等. 科学学领域作者合作网络分析——以《科研管理》(2004—2008)为例[J]. 科研管理，2009，30(3)：41-46.

[152] COREY PHELPS, RALPHY HEIDL. Knowledge, networks, and knowledge networks: A review and research agenda[J]. Journal of Management, 2012, 38(4): 1115-1166.

[153] GREGORIO G, JINSEO P. Scientific authorships and collaboration network analysis on chagas disease: Papers indexed in pubmed(1940-2009)[J]. Journal of the Institute of Tropical Medicine in Sao Paulo, 2012, 54(4): 219-228.

[154] MA R. Discovering and analyzing the intellectual structure and its evolution of LIS in China, 1998-2007 [J]. Scientometrics, 2012, 93(3): 645-659.

[155] [美]弗兰克·H. T. 罗德斯. 创造未来：美国大学的作用[M]. 王晓阳，兰劲松，等，译. 北京：清华大学出版社，2007.

[156] 雷银枝，宋歌. 科学共同体测度方法的改进与实证研究[J]. 科学学与科学技术管理，2011，32(4)：13-19.

[157] BLONDEL V D, GUILLAUME J L, LAMBIOTTE R. Fast unfolding of communities in large networks [J]. Journal of Statistical Mechanics: Theory and Experiment, 2008(10): 155-168.

[158] YAO QIANG, CHEN JING. Knowledge map of artemisinin research in SCI and medline database[J]. Journal of Vector Borne Diseases, 2012, 49(4): 205-216.

[159] ZHAO D, STROTMANN A. Evolution of research activities and intellectual influences in information science 1996-2005: Introducing author bibliographic-coupling analysis[J]. Journal of the American Society for Information Science and Technology, 2008, 59(13): 2070-2086.

[160] MORRIS S A, YEN G G. Crossmaps: Visualization of overlapping relationships in collections of journal papers [J]. Proceedings of the National Academy of Sciences, 2004, 101(suppl1): 5291-5296.

[161] 陈卫静，郑颖．基于作者关键词耦合的潜在合作关系挖掘[J]. 情报杂志，2013，32(5)：127-131.

[162] 刘志辉，张志强．作者关键词耦合分析方法及实证研究[J]. 情报学报，2010，29(2)：268-275.

[163] 宋艳辉，武夷山．作者文献耦合分析与作者关键词耦合分析比较研究：Scientometrics 实证分析[J]. 中国图书馆学报，2014，40(1)：25-38.

[164] BORNMANN L, DANIEL H. What do citation counts measure? A review of studies on citing behavior[J]. Journal of Documentation, 2008, 64(1): 45-80.

[165] 李淑燕，孙锐．国外开放式创新研究学术群探析——基于作者共被引分析[J]. 科研管理，2016，37(5)：10-18.

[166] HOWARD D WHITE，BELVER C GRIFFITH. Author cocitation：A literature meassure of intellectual atructure[J]. Journal of the American Sciety for Information Science，1981，32(3)：163-171.

[167] 朱云霞，魏建香．基于共引网络的学者潜在合作机会发现[J]. 西南民族大学学报，2016，37(9)：235-240.

[168] 马瑞敏，倪超群．作者耦合分析：一种新学科知识结构发现方法的探索性研究[J]. 中国图书馆学报，2012，38(2)：4-11.

[169] 苏新宁．中国人文社会科学学术影响力报告[M]. 北京：中国社会科学出版社，2007.

[170] 陈茫，周力青，等．大数据时代下的图书馆移动服务创新研究[J]. 图书与情报，2014(1)：117-121.

[171] 党永杰，郑世珏，等．多维视角下移动图书馆用户偏好模型构建研究[J]. 情报理论与实践，2016，39(1)：104-108.

[172] AHLGREN P，JARNEVING B，ROUSSEAU R. Requirements for a cocitation similarity measure，with special reference to Pearson's correlation coefficient[J]. Journal of the American Society for Information Science and Technology，2003，54(6)：550-560.

[173] NEES JAN VAN ECK，LUDO WALTMAN. Appropriate similarity measures for author co-citation analysis[J]. Journal of the Association for Information Science and Technology，2008，59(10)：1653-1661.

[174]沈耕宇，黄水清，王东坡．以作者合作共现为源数据的科研团队发掘方法研究[J]. 现代图书情报技术，2013(1)：57-62.

[175] YAN E，GUNS R. Predicting and recommending collaborations：An author-，institution-，and country-level analysis[J]. Journal of Informetrics，2014，8(2)：295-309.

[176]贾君枝，韩笑．基于向量空间相似原理的框架词元扩展[J]．情报科学，2009(6)：924-927.

[177]孙鸿飞，侯伟．改进 TFIDF 算法在潜在合作关系挖掘中的应用研究[J]．现代图书情报技术，2014，30(10)：84-91.

[178]郝水龙，吴共庆，等．基于层次向量空间模型的用户兴趣表示及更新[J]．南京大学学报：自然科学版，2012，48(2)：190-197.